把事做得恰到好处

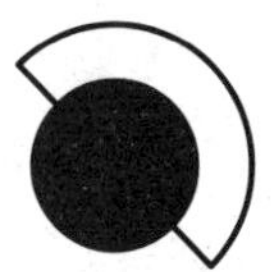

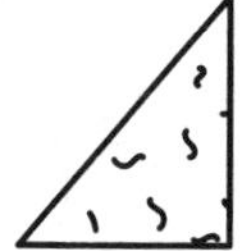

张笑恒 著

天津出版传媒集团
天津人民出版社

图书在版编目（CIP）数据

把事做得恰到好处 / 张笑恒著 . -- 天津 : 天津人民出版社 , 2018.7（2023. 8 重印）
ISBN 978-7-201-13599-1

Ⅰ . ①把… Ⅱ . ①张… Ⅲ . ①成功心理 – 通俗读物 Ⅳ . ① B848.4-49

中国版本图书馆 CIP 数据核字 (2018) 第 121634 号

把事做得恰到好处

BA SHI ZUODE QIADAOHAOCHU

出　　版　天津人民出版社
出 版 人　黄　沛
地　　址　天津市和平区西康路 35 号康岳大厦
邮政编码　300051
邮购电话　(022) 23332469
网　　址　http://www.tjrmcbs.com
电子邮箱　tjrmcbs@126.com

责任编辑　赵　艺
装帧设计　仙境书品

制版印刷　天津融正印刷有限公司
经　　销　新华书店
开　　本　710 毫米 ×1000 毫米　1/16
印　　张　16
字　　数　220 千字
版次印次　2018 年 7 月第 1 版　2023 年 8 月第 3 次印刷
定　　价　38.00 元

目录

第一章 懂得感同身受，学会换位思考

第二章 可以投其所好，但别刻意讨好

第三章
情商高的人，场面上绝对不会失礼

第四章
不让别人尴尬，也不让自己难堪

第五章
为人处世，有一种智慧叫难得糊涂

第十章 朋友间需要分寸感，相处舒服最重要

第十一章 要有眼力见儿，会做事还要会讨喜

懂得感同身受，学会换位思考

场面上，要考虑少数人的感受

别人不愿做的事情，不要勉强

换位思考，设身处地地为别人着想

别唱独角戏，让大家都有表现的机会

别无所顾忌地在失意的人面前炫耀

情商高的人，懂得尽量避开对方的痛点

多一些关怀，少一些道理

讲讲自己的悲惨事，更容易打动对方

1. 场面上，要考虑少数人的感受

一壶美酒，只要滴进去一滴污水，整壶酒就会变脏，不能再喝。同样，一场盛大的聚会，也有可能因为一两个人的不快，最终导致大家不欢而散。鉴于此，在很多交际场合中，我们不但要顾及多数人的感受，还要考虑少数人的感受，不可因其“少”而掉以轻心。

举个简单的例子，一场饭局上，10 个人里有 9 个人是老乡，如果他们交谈时都说家乡的方言，并且常常冒出一些令人费解的“地方词汇”，那么可以想象，整个饭局下来，“被排斥”的那个人必定会因为听不懂而产生不满，进而让气氛尴尬起来。

有人说，一个人的能力有限，不可能照顾到每一个人的感受，只要做好自己就好。这句话没有错，但那只是针对个人而言的，放在大型聚会上，比如久别重逢的接风宴、十年同学会以及工作应酬宴等场合，就不太适用了。在这种场合，如果我们不能照顾到少数人的感受，就很容易给人留下厚此薄彼的印象，甚至会在无形中与人交恶。

在一次公司部门经理聚会上，大家都兴高采烈地说着自己本年的业绩，只有姜岩和田乔飞闷闷不乐，因为在统计数据时，他们两人带领的团队是年度最差的。这会儿听着其他同事的“赫赫战功”，他们如坐针毡，只想着尽快逃离这个可恶的地方。

他们的不快被另一位经理张龙宇发现了，心思通透的张龙宇一眼瞧出了问题所在，他立刻开口转移话题，引导大家避开工作上的事，谈一些生活中的趣闻。在他的引导下，大家果然不再谈及工作。姜岩和田乔飞两人顿时一喜，低沉的情绪也得到了改善。

自那之后，姜岩和田乔飞两人对张龙宇抱有好感，好几次在张龙宇的部门遇到工作上的困难时，他们两人都伸出了援助之手，助其渡过难关。

照顾别人的感受，考虑别人的心理，是对别人的尊重和关心。这种善解人意的交往方式，推己及人的交往态度，也是拉近彼此距离的最好手段。在人际交往的实际案例中，能充分考虑他人感受的人，总是更加具有交际优势，也更能收获友谊和成功。

但是，在一些大型社交场合中，很多人受到“多数原则”的影响，认为只需要关注大多数人的感受，以至于忽视了少数人的诉求，对他们的心理变化不闻不问。殊不知，少了一颗铁钉，有可能会折损一匹战马，从而影响一场战争，进而灭亡一个国家。同样，忽视“少数人”的感受，也可能毁掉整个聚会，彻底破坏自己辛辛苦苦建立起来的人格形象。

所谓情商高的人，就是懂得具体问题具体分析的人，在较大的社交场合中，他们会顾及每一个人的感受，哪怕对象只是“少数派”。但是，这与人们口中“让每个人都满意”是不同的，它不需要我们费脑子去记下每个人的喜好，也不用我们费尽心思去讨好。事实上，我们只需要多一点耐心、多一点观察，自然能够留意到他们的神情变化，然后给予关怀。

试想一下，一群人去饭店吃饭，点菜时，负责点菜的人如果能主动问一句“大家谁有什么忌口吗？待会儿我注意一下”，是不是比什么也不问要好？而且，这样做还能提前规避一些可能出现的误会，避免一场好好的聚餐冷淡收场。

也许有人会觉得，这种照顾到每一个人的做法很虚伪，也很不自量力。但实际上，这是一种情商高、有修养、心胸豁达的体现，同时也是一个人行走社会、与人交往、待人处事所必备的能力。生活中不乏这样的例子，因为忽视“少数人”的感受，导致好好的一场朋友聚会、闲话家常变得矛盾丛生，大家不得不含怨离场，可谓遗憾。

比如，在新人婚礼上，亲朋好友闹洞房时由于“闹”的尺度过大，加之大家又以“习俗”为借口，无视一对新人的抗议，我行我素，结果新郎当场发飙，拿起扫把驱赶众人。最后，好好一场喜事硬是被搅得怨气横生，让这对新人气愤不已。

总而言之，考虑他人的感受、将心比心、推己及人，是我们拉近与陌生人关系的有效手段，也是我们维护友谊、纵横社交场的有力武器。而情商高的人则懂得把控全场，尽量顾及每一个人的感受，从而收获了友谊和成功。

2. 别人不愿做的事情，不要勉强

几千年前，孔子就告诉我们：“己所不欲，勿施于人。”学会尊重他人，自己不愿做的事也不要强加于人，这不仅是一种礼貌，更是维持彼此情谊的重要条件。

然而，生活中有很多人在与他人相处时，总是不顾及他人的感受，将自己的意志强加于别人，导致彼此的关系变得尴尬。

美国前总统罗斯福在担任海军助理部长的时候，有一天，一位好友来访。谈话间朋友说：“听说我国海军在加勒比海某岛建有基地，这件事情是真的吗？”

这位朋友要打听的事，在当时来说属于国家机密，是不便公开的，但好朋友相问，罗斯福也不好直接拒绝，就想了个花招儿。只见罗斯福望了望四周，然后问朋友："你能对不便外传的事情保密吗？"

"能。"朋友急切地回答。

"那么，"罗斯福微笑着说，"我也能。"

生活中，与人交往的关键，在于相互理解、相互支持。将自己的意志强加给别人，只会使别人产生抵触心理甚至反抗。每个人都有独立的思想，难道别人就应该做我们想要他做的事？也许有人会说，领导叫下属办事，哪来这么多事儿，好好干就是了！可很多领导恰恰就因为不顾及这些细节，使原本踏实卖力的老员工一个个离去。

己所不欲，却强施于人，即使是傻子也知道反抗，更何况我们身边并没有那么多的傻子任我们欺负。一个人强势久了，身边的人就会孤立他、离开他，这个时候，哪怕你是高高在上的领导，怕是也只能独享"高处不胜寒"的滋味了。

一个人如果爱面子，那就别去伤别人的面子；如果想要获得尊重，就必须先尊重别人。"只许州官放火，不许百姓点灯"这种事，向来都是行不通的。说到底，敬人者人恒敬之，你怎么对待别人，别人就怎么对你。

还有人喜欢用自己的喜好去衡量别人，想当然地认为，自己喜欢的事情，别人一定也喜欢，然后以此作为标准去要求别人的言行。一旦别人不按照他的"预想"做事，他就会抱怨，甚至生气，"你这人怎么这样呢""凭什么你不按照我说的做"……

有一天，某文学青年去拜访一位作家，因为自己喜欢喝茶，而且周围喜欢文学的朋友都有喝茶的习惯，所以就特地买了上等的西湖龙井，准备送给这位作家。

一进门，年轻人就满脸堆笑地将茶递给作家，作家客气一番后，随手把茶放在茶几上。年轻人见作家对这么好的茶都没有表示，就主动拿起茶，说："我想您老一定喜欢喝茶，所以就从杭州带来了这种特级龙井茶。这种茶和普通的茶很不一样，它的炒茶方式很讲究……"年轻人长篇大论地说着品茶的心得，丝毫没看到作家一脸的不以为意。

该青年本以为自己的一番陈述会引起作家的共鸣，得到作家的认同，没想到等他说完后，作家却淡淡一笑，说道："真不好意思啊，我不太爱喝茶，所以对茶叶方面的东西没什么研究，你刚才说的那些我都不了解，惭愧，惭愧！"

年轻人一听，傻眼了，自己不但没有赢得作家的好感，反而还在对方不懂的领域大谈特谈，肆意显摆，弄得双方都相当尴尬。通过这次经历，年轻人才知道，并不是每一个作家都喜欢喝茶，自己喜欢的事情，也不一定所有人都喜欢。

从生物学的角度来讲，每一个人都是独立的，有自己的思想和人格，谁也不能代替别人做出决定。如果一味地强迫别人做出改变，听从我们的吩咐或命令，最终只能引起对方的反抗，这对人际交往来说，是不能触碰的禁忌。毕竟，多数人都不比其他人更高贵，没资格命令别人。

生活中，不乏这种以自我为中心的人，他们总是用自己的想法去要求别人，将自己的感情、意志强加于他人，最终适得其反，导致失败。

与人交往，关键就在于将心比心，讲究的就是人与人之间相处时要有分寸，"己所不欲，勿施于人"说的正是这个道理。如果我们能够把握这个分寸，并且懂得不随意按照自己的主观意志去办事，那么，就一定能与对方建立长期友好的关系，巧妙地迅速化解彼此之间的隔阂。相互理解和支持，才是友谊的支柱。

3. 换位思考，设身处地地为别人着想

所谓换位思考，就是设身处地地为他人着想，想人之所想，相互理解和信任。这是人与人之间交往的基础，也是产生和维护友谊与情感的有效手段。

戴尔·卡耐基每个季度都要在纽约的一家大旅馆租用大礼堂20个晚上，来讲授社交训练的课程。但有一个季度，他刚开始授课，旅馆经理就提出，他必须付比原来多3倍的租金。而这个时候，授课的所有事宜都已办妥了，怎么办，取消吗?

卡耐基在两天以后找到经理，他首先对经理提高租金的做法表示理解，然后帮他分析了这样做的利与弊。他说:“有利的一面是，大礼堂不出租给讲课的而出租给举办舞会的，那你可以获大利了。因为举办这一类活动时间不长，却会付很高的租金。租给我，显然你吃大亏了。但这也有不利的一面，你增加我的租金，却是降低了收入。因为实际上等于你把我赶跑了，我付不起你所要的租金，不得不另外找地方。

“还有一个对你不利的事实：这个训练班将吸引成百上千的有文化、受过高等教育的中上层管理人员到这里来，对你来说，这其实是起了不花钱的活广告作用。请仔细考虑后再答复我。”

讲完卡耐基就告辞了。最终，那位经理又把价格调回了原来的水平。

情商高的人，往往会站在对方的位置思考对方真正需要什么。说服对方的一种简单方法，就是和对方交换所处的位置，然后从谈话中发掘对自己有益的话，最终使双方都获得满意的结果。

每个人都需要站在他人的角度看问题，只有这样才能真正了解他人的

所思所想，这对我们的人际交往会起到事半功倍的作用。所以，无论对朋友、顾客，还是领导、同事，我们都要多一分理解，这样才会赢得对方的信赖，从而更好地说服对方。

苏轼有这样一首诗："横看成岭侧成峰，远近高低各不同。不识庐山真面目，只缘身在此山中。"简单来说，就是一个人待在山里，视野受限、角度受限，以至于他看不到大山的真正面目，若能跳出大山，从不同方位去看，就会发现大山的各种不同姿态。

其实，很多时候，换位思考也是这样一个过程，它可以帮助我们扩大视角，用更立体、真实的方式去观察这个世界。也就是说，换位思考，不仅仅是帮助我们打开人际关系大门的手段，更是我们深入了解世界、提升自己，进而更适应社会的一种渠道。

有一次，毛彩云独自一个人骑行。她的骑行水平不算高，在进入郊区一片林荫道的时候，路面起伏不平，又很狭窄，所以她骑得非常小心。

然而，就在这个时候，对面却出现了一个人，骑着自行车迎面而来，而且，看对方的样子，也是水平一般的那种，双手紧紧握住方向盘，歪歪斜斜地冲来。

怎么办？路这么窄，要想错身而过，非常考验技术，可若是刹车，这么快的速度，根本不可能刹住。最后，毛彩云只得拼一把，急得大喊："你向左，我向右。"

对面那人一听，也高兴地回道："好的！"

结果可想而知，两人最后"完美"地撞在了一起。事后，毛彩云十分后怕地感慨道："我怎么这么笨，相向而行，一左一右不就刚好碰一起了吗？不懂换位思考啊。"

不懂得换位思考，我们眼睛里所能看到的东西就永远是残缺的、不完整的。不管是做学问，还是与人交往，视野受限、思维受限，通常都不太可能取得大的成就。尤其是与人交往时，不站在对方的角度看问题，我们就很难理解别人的心情与感受，自然也就无法引起情感共鸣，让对方对我们敞开心扉。换位思考，是打开一个人心灵的钥匙。

心理学上有个名词，叫“同理心”，也就是说能将心比心、设身处地地为人着想，感同身受地理解及体会对方的处境，并适度地回应其需要。具有同理心的人往往能从细微处体察别人的需要。“同理心”用我们平常的话来说就是换位思考。

总而言之，换位思考是我们理解他人的基础，面对可能出现的矛盾与冲突，我们不妨学会站在对方的角度、立场以及处境去观察与思考问题。一个情商高的人，通常能通过换位思考，深入对方的心灵世界，彼此建立牢固的关系。

4. 别唱独角戏，让大家都有表现的机会

每个人都想做主角，都想让自己站在镁光灯下，接受他人的赞美，受大众瞩目。为此，有的人不惜在人前卖弄，在一切有人的地方与人“死说滥道”，极尽所能地要引起他人的注意。但凡有他们在场的地方，他们就总以为自己是社交中心。

其实，没人喜欢傻站着看别人表演，而自己却只能充当“看客”，谁都有一颗“主角”的心。正如林语堂所说：“绅士的演讲，应当像女士的裙子，越短越好。”与人交往，给别人一点表现的机会，才能有第二回合的交流。

有一次，公司组织员工去公园玩，本来玩得挺开心，可就在大家合影留念的时候，肖灵玥直接抢占了最露脸的位置，一下子抢去了大部分镜头。

肖灵玥不知道她的行为已经让大家很不爽了，还兴奋地大叫道：“你们都靠过来一点儿，别跑到镜头外面去了。经理，你也靠过来一点儿嘛。”经理闷闷地回了一句：“哎呀，我觉得你这么漂亮，随便在哪儿都能拍得很美，不用我‘衬托’了吧。”肖灵玥一听，满脸尴尬。

生活中，我们身边常常有这样的人，明明他们工作做得很好，各方面也都比别人强，对公司、组织的贡献也比别人大，却得不到大家的认同，甚至没人愿意接近他们，为什么会这样？其实就是因为他们过于“抢眼”，抢占了别人的表现机会和生存空间。

正所谓树大招风，沉迷于“独角戏”的人，往往是招人嫉妒、厌恶乃至憎恨的。不给别人表现的机会，无异于给自己树敌，最终也只会让自己“众叛亲离”。

诚然，每个人都希望得到别人的肯定。但是，当我们表现得过分出众时，就会无形中给对方造成压迫感，如果我们再显露哪怕一点点的优越，那么别人的排斥心理也就因此而生了，甚至还会对我们产生敌对情绪。因此，对于自己的成就我们要轻描淡写，要表现得谦和，要给别人多一些表现机会，只有这样，我们才会受到别人的欢迎。

因此，在社交场合中，我们不妨学着点“藏锋露拙”，这样会对我们的工作有更大的帮助。很多时候，那些好为人师，总想让别人知道自己很有能力，借助各种机会疯狂地表现自己有多么优秀的人，往往会适得其反，引来别人的嫉妒与疏离。

此外，还有一些人本身没有显摆的意思，但由于害怕别人看不到自己的好，于是拚命地努力，想要做好每一件事，以求表现得完美。但这样面面俱到，未必会得到别人的感激和认可。如果我们只是表现自己的“美”

和“好”，而忽略了挖掘别人的“美”和“好”，甚至在自己擅长的领域丝毫不给对方表现的机会，时间长了，双方关系就会失衡。

而且，从另一方面来说，越是抢着表现自己，出错的概率也就越大。美国前总统小布什就是一个“话多”的人，有人评价他是历届美国总统中发言最多、演讲最多、演讲时间也最长的总统。而与此相对应的，他的“口误”也是最多的，甚至被汇编成册。

2004 年 8 月 5 日，刚当上总统的小布什就反恐问题发表演讲。本来，演讲稿已经事先备好，他只需照此读完就行，奈何讲到中途，他突然情绪激动，在强调政府的反恐决心时，语速快得像机关枪一样，说：“我们的敌人变换手法，随机应变，我们也一样。”他接着说，“他们从不停止考虑危害我们国家和人民的新途径，我们也一样。”

当然，他很快就反应过来自己说错了，但他这“精妙”之语还是被现场媒体记录下来，并由此传遍全世界，成为他众多“金句”之一。

可见，话不是说得越多就越好，说得多，错的概率就高。墨子说过：“青蛙、蛤蟆整天不停地叫，叫得口干舌燥也没人注意到它们的存在，可是公鸡每天按时啼叫，一叫人们就知道是天亮了。可见话说多了并没有好处，只要说得是时候就行了。”

说话如此，为人处世也是一样的道理。总之，多给别人机会，才能博得大家的支持，当自己需要帮助的时候，别人才会愿意伸出援手。善于给别人机会的人，往往能赢得更多的机会。反之，只顾着表现自己的人，通常只会使自己在交往中处处碰壁。

古希腊有句民谚：“多给别人一些表现的机会，就是给自己多预留一条路走。”情商高的人懂得适时退居台后，把表现的机会让给别人。因为他们明白，一个人独占所有机会，最终只能得到更多的敌人，只有秉持“有钱大家一起赚”的理念，才能广交朋友。

总之，给别人表现的机会，就是给别人发展的空间，同时也是在给自己创造更大的发展空间。须知，学会做一个最佳的配角，我们才能永远地留在舞台上。

5. 别无所顾忌地在失意的人面前炫耀

不少人喜欢向身边的人炫耀自己的成就，住大房、开豪车，以为这样就能得到别人的敬佩和欣赏，完全不顾别人的感受，甚至没有想过，对面的听者可能正处于人生低谷。事实上，很少有人愿意听别人的得意之事，自我炫耀的效果往往是适得其反。

一次毕业20年后的同学聚会上，参加聚会的人分成泾渭分明的两班人马，一班人兴奋异常，争先恐后地说着自己这20年所取得的成就：房子、车子、孩子……

另一班人却相对安静，要么专心吃菜，要么三三两两地小声交谈。仔细听他们交谈的内容，很少提及与事业相关的东西。显然，与那些相对成功的同学相比，这些人目前暂时处在人生低谷。因此，他们极力避免参与到前者的交流中去。

刘畅龙正是后者中的一员，他最近刚刚离开了原先的公司，处于待业状态，所以他很讨厌那些人借着这次同学聚会“炫耀”。本来嘛，同学聚会就是老同学再次相聚，大家一起高兴的事儿。被他们一弄，整个气氛尴尬万分，没有半分愉悦可言。

最后，没有等到聚会结束，刘畅龙便和另外一些境遇相同的同学提前离开，另外找了个地方，彼此聊聊接下来的打算，大家都觉得这比刚才的聚会好多了。

失意的人是脆弱的，他们最需要安慰，一些大大咧咧的人感受不到这种沮丧，大谈特谈自己的得意事，这种低情商的表现无疑是在对方的伤口上撒盐。小沈阳在小品里说："什么叫善良？别人的墙要倒了，我们没有能力去扶，但我们不推，这就是善良。"

在失意人面前，我们要是大谈自己颇有成就的事，就有故意炫耀之嫌，这很让人讨厌，本来对方就处于失望和伤心的状态，此时肯定会更加失落，会认为我们故意在他面前说这些话来气他，由此影响彼此的关系。

我们要懂得用"善"去照顾别人的心情，说话、办事时多考虑别人的感受。面对失意的朋友，一定要注意自己的言谈举止，不要使他们产生"你现在比我混得好"的失落感，因为我们的一举一动都可能引起他们的自卑感，这样会使我们失去更多的朋友。

刘墉在《萤窗小语》里写道："失意人前，勿谈得意事。因为那只可能加重对方的落寞感，所以即使万事顺心，也要故意说些辛苦处给朋友听。"有人也曾经说过："不要在一个不打高尔夫球的人面前谈论有关高尔夫球的话题。"失意的人总是最敏感的，所以，当我们说话、办事时，不管是什么内容，都要注意别让他们产生自己被比下去的感觉。

这不是刻意讨好，而是对他人的尊重。没有谁能永远一帆风顺，试想一下，当我们失意的时候，别人在我们面前肆意宣扬他的成功，想必我们也会很不爽。你可以成功，我也为你祝福，但你不必到我面前炫耀，不是吗？

因此，与人交往时，我们尤其要注意自己的言行，同时还要关注我们的交往对象，看看对方是处在失意的状态还是得意的状态。如果是失意之人，我们就不要过多地宣扬自己的成绩。通过对比别人的失败来彰显自己"辉煌"的人，往往会四面树敌。

此外，即使是与正处在得意期的人相处，我们也应该低调一点。毕竟，哪怕对方生活得很好，但如果我们让对方产生了“你比我混得好”的想法，此时还不懂得收敛，就会引起对方的敌意。

举个例子，现下有很多人在朋友圈晒幸福，今天去哪国旅游了，明天要去哪个世界级风景旅游区……这样的“炫耀”起初还能赢得朋友的点赞和羡慕，但如果天天发这些东西，最后就会发现，点赞的人越来越少，因为可能早被人拉黑了。

可见，不管一个人是得意还是失意，只要有人比他强，并且天天在他面前晃悠，向他宣扬自己的成功，时间一长都难免心态失衡。所以，在面对失意的人时，我们更是要小心再小心。那么，在与失意的人相处时，有哪些相处之道呢?

一是具有同理心：其实我也跟你一样。

在失意人面前我们可以这样说：“你不用放在心上，这件事让我做的话也会做得很糟糕。”“我要是做同样的事情，可能都没有你做得好。”“我上星期也把事搞砸了。”……通过将自己放到与对方一样的高度，使其产生“同是天涯沦落人”的想法，由此拉近彼此的距离。如此一来，哪怕对方知道我们是在安慰他，心里也好受些。

二是沉默是金：不说比说好。

很多时候，失意的人需要的不是一堆高大上的安慰语，而是需要一个能坚定地站在他这一边的人，能够支持他、陪伴他，用行动告诉他“别担心，天塌了我们一起扛”。换言之，与失意的人相处，安安静静地陪着对方，比什么言语安慰都显得更有心。

总而言之，无论任何时候，都不要炫耀我们的得意事，特别是在失意者面前，应尽量保持一颗平常心，对失意者多点同情和理解，说话、办事时考虑对方的感受。

6. 情商高的人，懂得尽量避开对方的痛点

与朋友一起聊天时，明明只是在说自己的事，但旁边听的人却突然生气；和恋人相处时，明明没有说对方任何的不好，对方却莫名地发火……为什么会这样？很简单，因为我们在说一些话的时候，无意中刺中了对方的痛点。

前不久，一部清宫戏火爆网络，一时间，公交车上、餐厅里到处都能看到有人低头拿着手机观看。刘兆龙平时很不喜欢看这种类型的电视剧，因为他觉得这种电视剧实在是太不符合逻辑了，而且极不尊重历史，因此，他常对其口诛笔伐。

一天，公司组织聚餐，酒足饭饱后，大家开始吹水，不知怎的，话题突然转到对那部清宫剧的看法上。说起这个，刘兆龙浑身来劲儿，当即口若悬河地说了起来，将这部剧批得一无是处，直言“看这种剧的女孩找不到男朋友”。

本来，这句话有夸张意味，调侃的意思多过批判，大家听听也就罢了。却不料，他这话刚一说出口，坐在邻位的女同事张雪丽就猛地一拍桌子，瞪了他一眼后，站起来就走了。顿时，气氛变得尴尬万分。原来，张雪丽是这部剧的忠实观众，不仅如此，还经常说要“嫁给”剧中的王爷。现在被人这么“诅咒”，心里肯定不爽。

所谓痛点，顾名思义，就是能够令人感到疼痛的东西，可以是人、是物，也可以是某件不愿回想的事。放在人际交往中，这些“能让人产生痛感”的地方就是所谓的禁忌。每个人都有他自己的禁忌。比如对刚失恋的人来说，但凡跟“秀恩爱”有关的东西，都是讨厌和应该被打倒的玩意儿；而对于失业的人来说，跟工作有关的东西则是梦魇。

当我们与人交往，在谈及自己的情况，或是与对方交流观点的时候，千万要注意规避对方的“痛点”。否则，就可能出现前面所说的现象，明明只是在发表自己的看法，所说的东西也与对方无关，却足以让对方怒发冲冠，跟我们掀桌子、闹别扭。

古语有云，“祸从口出”，又云“言者无心，听者有意”。很多时候，也许我们说的人没有想太多，也没有什么不好的意思，就那么痛痛快快把事情说出来了，但落到旁人耳中，就会产生不一样的效果。比如，在一个月薪不到 3000 元的人面前，大肆宣扬“现代社会，没钱就别处对象”之类的观点，很容易令对方难堪，并破坏彼此的情谊。

一个情商高的人，说话做事往往是三思而后行的，他们也许话多，但绝不会不经大脑就随口即来，而是斟酌再斟酌，在确定哪些话可以说、哪些话不可以说之后，才会组词成句说与人听。这样一来，虽然不一定能拉近彼此距离，但至少不会让人产生恶感，疏离我们。那么，想要做到这一步，有没有技巧呢？我们不妨参考以下几点：

第一，不谈对方不懂的话题。

与人交谈时，如果一个话题对方不懂，也没有兴趣，那就请免开尊口。滔滔不绝地介绍，别人只会将之视为卖弄，视作羞辱，说得越多，我们的形象就越差。

第二，不要只注重某个人而冷落了他人。

在和多人交谈时，千万不要只关注某个人而冷落了其他人。最好是用一个老少皆宜的话题唤起大家的兴趣，让每个人都发表自己的意见。另外不要强行推销自己的“一家之言”。只有让所有人都有发言的权利和机会，别人才会认可我们。

第三，情侣面前，不谈与恋爱相关的话题。

如果我们的交谈对象中包括情侣，那么我们最好不要谈及跟恋爱有关的负面话题。为什么呢？如果我们谈一些恋爱中负面的东西，一来很可能勾起那对情侣的“伤心往事”，进而破坏交谈的气氛；二来也容易在对方心中埋下负面的种子，等到将来对方的感情如果真出了问题，说不定人家会埋怨我们。

坏事不能谈，好事也不能谈。试想一下，如果我们大谈特谈恋爱中的美好，对方在听完，并与自己的情形一一对比，发现不如我们描述的那样美好时，我们就有可能给对方的感情带来不可知的变故。搞不好，一桩本来能开花结果的恋情，就这样搞砸了。

因此，情商高的人在恋爱者的面前，几乎不谈任何与感情有关的东西。其实，不止在恋爱方面，在其他领域也一样。比如在正在创业的人面前，最好不要就“创业”二字夸夸其谈，在上班族面前，就不要描绘上班的种种心酸。所谓真人面前不说假话，如果对方正好身处这个领域，我们一提及相关话题，就很难绕开对方，自然就容易冒犯对方。

因此，我们在说话时一定要慎之又慎，千万不要想当然地叽里呱啦，要学会鉴别与我们交谈的对象，然后尽量绕开对方的话题禁区，避开那些痛点，才能愉快地交流。如果不管不顾地张口即来，很容易冒犯了别人自己还不知道，无故损害彼此关系。

7. 多一些关怀，少一些道理

“不听，我不要听，你给我滚……”

“你走，我不需要关心，也不稀罕大道理，我只想一个人静静……”

在影视作品中，我们常常见到这样的剧情：女主正在生气、难过的时候，男主跑上前去安慰，结果被对方一阵臭骂，甚至被拳打脚踢；又比如，男主刚刚遭遇了一场失败，被仇人再三戏弄，几乎丧失信心，这个时候有人上前安慰，结果男主角发疯似的咆哮。

我们很多人看到这一幕时，总是义正词严地评价道："这女的好没教养，男主不也是想安慰她吗，要什么公主脾气？""这男主角好白痴啊，一点儿都不成熟，对自己好的人态度这么恶劣！"于是，开始对这些"不成熟"的角色进行批评教育。

但是，问题真的这么简单吗？是男主、女主不成熟所导致的吗？答案是否定的。面对他人的关心，其实绝大多数人是乐于接受的。影视剧中，那些人之所以会有这样的表现，其实不过是人性使然，情绪失去控制罢了。

这样的例子，在实际的人际交往中数不胜数。比如，我们多数人都有过这样的体验：当一个人生气、难过、沮丧的时候，我们越是让他不要生气、不要难过、不要沮丧，这个人就越生气、越难过、越沮丧，有时候，甚至还会把情绪转嫁到旁人的身上。

同样，相信很多人也都有过这样的经历：无论是在友情还是爱情里，当我们很生气或者很难过，去找一个人倾诉，而这个人开始喋喋不休地说一堆大道理，给我们分析局势的时候，我们就会心生反感，不愿听对方的那些所谓道理、方法。

为什么会这样？因为在这个时候，我们的情绪已经沉浸在了自己的世界里。在这种情况下，我们需要的更多的还是心灵上的慰藉，而不是空泛的大道理。

张贺龙的女友王雨珊，是一个很情绪化的女孩，两人经常因为一些鸡毛蒜皮的琐事争吵不休。对此，张贺龙很不解，明明每次遇到问题的时候，他都尽心尽力地想办法，帮她解决问题，从不逃避，为什么她还是会骂自己傻，一点儿不懂女孩子的心思？

前几天，女友王雨珊独自在自习室复习，为不久后的研究生考试做准备。因为穿的衣服较少，教室里颇有凉意，王雨珊就把教室门关上了，但不知为何，另一个女孩却执意要把教室门开着，两人由此发生争执。最后，气得不行的王雨珊只得打道回府。

回到寝室，王雨珊觉得又气又委屈，就把这件事和张贺龙说了。本来，在听完整件事后，张贺龙当时就想回问女朋友，明知道天气变凉了，为什么不多穿一件衣服，还有，为什么不能和对方好好说话，而是直接跟对方铆上，弄得不好收场。

但想了想以前的经历，他眼珠一转，放弃了讲道理、辨是非的打算，而是开始哄女朋友开心，开始安抚她的情绪，并保证要帮她讨回公道。就这样没一会儿，女友破涕为笑，直说他这次开窍了，懂得哄女孩子开心了，高兴得完全忘记了讨公道的事儿。

其实，人的情绪是有一个排放过程的。当一个人有情绪时，他首先需要的是别人对他此时这种情绪的接纳，也就是人们常说的“发泄”。只有通过这种情绪上的发泄，将心中的郁积之气、喜悦之情等，都尽数排空，之后才能进行认知的沟通与调节。

这种排放，是针对所有情绪而言的，不管是正面情绪还是负面情绪。当一个人被正面情绪包围时，他往往会因为兴奋而听不进劝谏；而当他被负面情绪包围的时候，他的内心则是非常脆弱的，非常无助的。人在这种状态下，几乎与小孩儿无异，需要的是亲近之人的理解与安慰，需要的是一个拥抱，来帮他卸下沉重不堪的负面情绪的包袱。

这就是说，我必须先向你表达我的情绪，哭过、笑过、痛过之后，接下来我才有可能会说我的具体事件，而在这个过程中，你要先接纳我的情绪，让我有一种被陪伴的感觉，我从心理上才能把你当作自己人，也才能听进去你的话。如果你越过了我的情绪释放，直接跳到了事件的部分，那么，我只会认为你在背书，根本毫无诚意帮助我。

由此可见，很多时候，当人处于负面情绪包围的时候，他并不是不需要我们的分析，也并不是讨厌我们讲道理，而是希望我们知道，他现在是难过的，是不开心的，希望这个无助与虚弱的自己，能先在我们这里得到短暂的停靠与休息，然后再讲道理。

网上有句流行语，叫“我想静静”，每当心情不好了，遇到难过的事了，人们总会不自觉地想起“静静”。那么谁是静静？其实，这个“静静”指的就是能抚慰心灵的人。只有先让那颗受创的心安静下来，我们才有可能走进对方心中，对他提供帮助。

8. 讲讲自己的悲惨事，更容易打动对方

朋友亲近的人去世了，你安慰道：“不要太难过了，你应该感到高兴，他是被上帝召去天国享福了。”

朋友高考失利了，你安慰他：“多大点儿事儿，不就一次考试吗？打起精神，真英雄不怕一次小小的失败，大不了再考一次！”

……

这些话看上去都很有道理，动之以情，晓之以理，然而，事实是当我们真正遇到这些事情时，才会发现这些“高大上”的安慰语，其实并没有什么太大的作用，非但不能让被安慰的人感到好过一些，反而使对方认为我们不能理解他的感受。

一个人伤心难过的时候，通常并不需要他人给出建议、方法，而只想要寻求他人的一点肯定和认同罢了。然而，这种认同却是绝大多数的安慰之语都难以带来的。这个时候，如果能讲一点我们自己的悲伤经历，往往

会有意想不到的效果。

上高中时，李建辉的同桌大宇的父亲去世了。李建辉想去安慰大宇，找了半天，才发现他一个人坐在后院的石墩上，盯着院子里光秃秃的苹果树发呆。李建辉走了过去，坐在另一个石墩上。本来，他准备了很多安慰人的话，却又不知道从哪里说起，因为他从对方眼中看到了疲惫和拒绝。他知道，这会儿不管自己说什么，恐怕对方都没有心情听。

就这样，两人沉默不语，在冰冷的冬夜里坐了很久，很久。最后，李建辉低声说道："你知道吗？我的爷爷在我12岁那年就去世了，我还记得，那天晚上我哭了好久。我想起小时候他天天背着我上山挖野菜……"

就这样，李建辉说着自己爷爷的事情，随着他的倾诉，大宇也不再沉默，而是跟他轻声交流起来。

当然，与人比惨也涉及一个"禁区"，那就是安慰的人所讲的悲伤经历，必须得是自己所经历的事情。如果贸然用别人的经历来安慰人，那么不但得不到效果，还会适得其反，让被安慰的人更加抗拒。因为在被安慰的人看来，这是站着说话不腰疼的典范。

举个例子：假如一个人的脚被磨流血了，求安慰。如果我们说出"这算什么，我今天还看到一个人坐着轮椅，他没有脚！"这样的话，可以想象，那么磨破脚的人可能会想，"你是在诅咒我吗？"还有人会说"过几天就好了"，这又算什么？无视别人的痛苦吗？不管事情在我们眼中严不严重，但至少，在需要安慰的人眼里，这是一件大事情。

因此，针对这个例子，我们完全可以这样说："那好疼的，你受苦了。"或者是："我上次磨破脚几天都不想走路，你这个还流血了，简直更难受啊！"

总之，寻求安慰的人，通常想要得到的是情感上的支持、心灵上的抚慰，以及立场上的肯定与认同。那么，该如何安慰别人才有效果呢？

第一，不要急着向对方讲道理。

当人情绪不好的时候，讲道理没有意义，甚至还会适得其反。在这个时候，我们要做的是“感同身受”，理解“对方的感受”。换言之，先保持沉默，与对方一起“痛苦”，一起“哀伤”，这样能使对方对我们敞开心扉。

第二，要站在对方的角度，努力去了解和理解对方的内心世界。

要站在对方的角度，弄明白对方心里到底是怎么想的，然后对症下药，有针对性地提出话题，使对方愿意跟我们交流，这样我们才有机会打破对方的心理防御，使对方明白，这世上还有人是理解他的，愿意陪他一起难过、一起开心，一起分享人生的喜怒哀乐。这样一来，对方才能从封闭中走出来。

第三，尝试转移对方的注意力。

比如我们讲述自己的悲惨往事，实际上也是利用了这个原理，通过将对方的心神转移到我们的不幸上，使其慢慢搁置、淡化、忘却自己的悲痛。时间一长，就能使对方减轻心中的痛苦，重新振作起来。因此，除了讲惨事，我们还可以用对方难忘的事来刺激对方。总之，让对方尽量把注意力从伤痛上转移开来。

说一千道一万，安慰人在本质上是给予对方心灵上的抚慰，而要做到这一步，我们就必须先走进对方的心灵，然后才能让对方感受到我们的善意。想要走进一个悲伤的人心里，最好的方式莫过于讲自己的惨事，让对方反过来“安慰”我们。

第二章

可以投其所好，但别刻意讨好

关注对方的服饰，更能走进对方心里

把“不对”统统改成“对”

多用“我们”“咱们”

找到闪光点，把你的赞美“具体化”

聊聊对方的得意之事

物往贵处说，人往年轻讲

谈对方感兴趣的话题

赞美的时候要真诚

1. 关注对方的服饰，更能走进对方心里

同事突然换了一种新风格的衣服，你适时送上这样一句话：“哇，你今天真不错，看起来年轻了好多。”对方一定会开心大半天。

林珊珊与女上司柳丹一起出差，对方是个话不多的女强人，平时两人除了工作上的联系，几乎没什么交集。但是这次要8个小时才能到目的地，就这么一路都沉默着，也怪尴尬的。林珊珊想，一定得找点儿话题才好。

突然，林珊珊注意到上司新换了一条亮丽时尚的丝巾，非常显眼，于是就说：“呀，柳姐，你这条丝巾真好看，质地一定很轻柔吧？看着就想摸一下，在哪里买的？”

原本只是没话找话，但原本一脸严肃的女上司顿时变得柔和了，说：“这条丝巾啊，我在杭州一家正宗的老字号买的。”然后，她就开始滔滔不绝地讲述自己在服装搭配上的心得，还善意地指出林珊珊平时在工作中着装的不足，两人聊了很久。

与人交往，赞美对方衣饰细节的变化，往往能迅速拉近双方间的距离。因为这意味着我们关心、关注着对方，所以才能发现他们衣着打扮上的一点点细节变化。

而且每个人都很在意自己的衣着品位，因为这关系到一个人的审美能力以及生活情趣，谁都希望自己的审美能符合主流，得到别人的认同和赞美。

因此，当我们实在找不到理由赞美对方的时候，不妨从对方衣着装扮

的变化说起，向对方传递我们的赞叹之情。当然，有的人也许会说："我并不懂时尚，该怎么说呢，万一说错了怎么办？"其实，只需要用朴素的语言表现出我们的惊叹就行了，比如，"哇，你今天穿得好漂亮，我也想买一件你这样的衣服！""呀，你可不可以教我打扮？"

当然，我们赞美的本意肯定不仅仅是为了赞美对方的衣着品位，以着装打扮开头，只不过是为了打破僵局，让双方都有继续交谈下去的兴趣，为进一步深入交流打基础。从这个角度来说，我们绝不能让自己的赞美只停留在衣服着装上，而是要借此良机，层层递进深入，将话题推到更深、更广的领域，让对方感受到我们的"亲近之意"。

秦雪燕是一个化妆品推销员，有一次，她去拜访客户胡女士。胡女士长相平平，虽人到中年，但特别爱打扮。等到了胡女士办公室，秦雪燕一眼看到胡女士的黑色连衣裙，就说："胡姐，你的裙子真不错，简单又清爽，有一种青莲般的气质，我都心动了。"

胡女士听了非常高兴，在接下来的聊天中，两人相谈甚欢，秦雪燕抓住机会，从工作聊到生活，再聊到美容。最后，她顺利地将自己的美容产品推销给了胡女士。

这不是拍马屁，也不是刻意迎合，只是在保持基本礼貌的前提下，更添了几分主动的关心和关注罢了。须知，一个人能抓住另一个人在着装细节上的变化进行赞美，这本身就说明了他对对方的关注。试想一下，还有什么比这更能打动对方呢？

而且，这也是一种迂回的交往方式，因为情商高的人在不了解一个人的时候，通常不会直接称赞对方，而是称赞与对方有关的事情，这种间接奉承在无话可说时尤其有效。赞美的对象也不局限于衣服着装，还可以延伸到很多领域。比如对方是女性，她的发型、配饰和男伴都可以作为间接奉承的对象；如果对方是男性，还可以赞美他的爱车。

总而言之，适度指出别人衣着的变化，表明了我们对他人的关注，对方自然也会对我们产生亲近感。最有效的赞美，不一定是辞藻华丽的长篇大论，歌功颂德，但一定要设身处地站在对方的角度考虑，如此才能为自己的赞美和双方的亲近打开新局面。

2. 把“不对”统统改成“对”

“你说得不对，这个问题应该是这样的……”

人际交往中，很多人喜欢将“不对”“你说得不对”这样的字眼儿挂在嘴上，也许他们本身并没有恶意，但给人的感觉却不怎么美好，以至于多数带有“不对”等词的谈话，最后闹得不欢而散。更有甚者，交谈双方为此发生激烈争执，最终伤了感情。

人们大多倾向于自己是对的，讨厌别人说自己“不对”，但很多人常常忘了这一点。还有的人，在与人交流时，否定别人的话张口即来，以为这样可以让自己更引人瞩目，显得别有见解，进而引起别人的崇拜。实则不然，这样说只会令人抗拒和反感。

生活中的无数例子告诉我们，当一个人被另一个人否定时，他首先想到的是寻找理由来为自己辩护，而在这个辩护的过程中，往往就容易“擦枪走火”，加剧矛盾，再加上对方如果一味强调“你说得不对”这种言论，最终结果必然是越辩争执越大。

但是，如果我们在评论或说服别人的时候，能够先说一声“你说得有道理”，营造出一种“是”的氛围，那情况就完全不一样了。对方会觉得自己的想法得到了别人的赞同、接受和鼓励，哪怕接下来会收到一些改进性的意见，他也会愉快地接受。

周云翔在商场里买了一双靴子，当时穿着还没什么感觉，没想到穿了没几天，鞋帮就坏了，拿到修鞋的地方一看，才知道这双鞋原本就有问题。一想到这是八百块钱的鞋，竟然还没穿一周就彻底废掉，他气得特意向上司请假一天，前往商场找说法。

销售员弄清他的来意后，顿时知道麻烦大了，如果处理不好，急红眼的周云翔就有可能在此大闹一番。想到这里，销售员柔声说道：“你现在的心情我十分理解，如果换我买到这样的鞋，也会气成你这样，甚至还会大吵大闹一番。”销售员的这番话，让周云翔的怒火平息了几分，他觉得这位销售员还是挺客观的，没有跟他狡辩扯皮。

于是，周云翔收住怒火，申明务必给自己换双新鞋。销售员也表示同意，最后，在好言好语的沟通下，周云翔拿到了一双新鞋，而鞋店则避免了一次信誉危机。

就某一问题发表看法，有不同意见很正常。然而，很多人喜欢把自己的观点建立在否定他人的意见上。这就容易陷入尴尬境地，进而得罪对方。人际交往中，破坏力最强的三个字莫过于 “你不对”。一味否定，甚至能使朋友变敌人，敌人变仇人。

因此，当我们想说“你不对”时应该明白，对方不一定乐意接受，就像我们自己不会虚怀若谷地接受别人说“你不对”一样。所以哪怕对方所持观点与我们截然相反，也要耐着性子听他讲完。每个人看待问题和处理事务的方式都不一样，在对方没有违反基本原则和道德的情况下，我们谁也没有资格去评判对方到底是对，还是不对。

生活中，绝大多数人都不会认为自己比别人差很多，而是认为彼此的能力都差不多。基于这样的认识，当他们被人说“你不对”的时候，就会产生一种“被同级别的人挑错”的憋屈感受，理所当然地也就产生了这样的想法：“既然大家的能力都差不多，你又有何权利来对我做出评价呢？你说我不对就不对吗？我偏不信，我认为是对的。”

可想而知，当被我们评价“不对”的人认为，我们其实跟他差不多水平的时候，对方通常会感到不服气，会本能地排斥我们的观点，进而更加坚持自己的想法。在这种情况下，对方即使真不对，恐怕也听不进去任何正确的建议了。

从心理学的角度分析，如果一个人在主观上不愿意听我们说话，那么我们的任何言语都是苍白无力的。所以说，不管对方是真的不对，还是我们以为的不对，想要对方愿意跟我们坐下来好好说话，就必须先营造“是”的氛围，让他有意愿听我们说话。

情商高的人，他们在试图说服一个人的时候，往往会以肯定对方作为开头，比如“我很赞同你的这个想法……”“我觉得你说的才是正确的……”，通过这样的方式，勾起对方的兴趣，并保证对方不会对自己产生排斥。然后，随着话题深入，他们会引导对方，比如“不过这里还可以改进一下”“但如果那样做的话，说不定更有效果”等。

由此可见，与其对别人说“不对”，从一开始就把对方推到自己的对立面，不如学会先说“是”，先将对方拉到自己的阵营，然后共同探讨。彼此有了信任，有了交流意愿，接下来的话才有意义。当然，我们也不可操之过急，只有对方真正对我们放下戒心，我们的引导才能起作用。总之，与人交往，少说“不对”、多说“是”才是硬道理。

3. 多用“我们”“咱们”

心理学上有一个说法：一个人对自己的关心，要远远大于对其自身之外的一切关心，关注自己是人的天性。所以，在很多情况下，人们总是不自觉地替自己说话。

但是，一些独裁的人，他们对自我的关注明显偏高，在他们的谈话中，“我”字永远是用得最多的，他们总说“我”如何，他们对别人漠不关心，于是与人聊天时常常不欢而散。可以说，在人际交往中，过分强调“我”，正是犯了谈话交流的大忌。

亨利·福特二世在描述令人讨厌的行为时说过：“一个满嘴都是‘我’的人，一个随时随地‘我’的人，一个独占‘我’字的人，一定是一个不受欢迎的人。”的确，在人际交往中，“我”字讲得越多，就越会给人“突出自我，标榜自我”的印象。

因此，情商高的人，往往会刻意避开“我”字，更多使用“你、您、我们”等字眼。就跟你更喜欢谈论自己一样，对方也更喜欢听到与他们有关的话。有时候，即使像“你从哪儿来”这样一个简单的问题，也足以说明你对别人感兴趣，从而赢得对方的好感。

事实上，人与人的交流也是这样。

《红楼梦》里描写王熙凤的为人之道时，有这样一段话：王熙凤携着黛玉的手，上下细细打量了一回，仍送至贾母身边坐下，因笑道：“天下真有这样标致的人物，我今儿才算见了！况且这通身的气派，竟不像老祖宗的外孙女儿，竟然是个嫡亲的孙女，怨不得老祖宗天天口头心头一时不忘。只可怜我这妹妹命苦，怎么姑妈偏就去世了！”说罢便用帕拭泪。贾母笑着不让她再提伤心事的时候，熙凤听了，忙转悲为喜道：“正是呢！我一见了妹妹，一心都在她身上了，又是喜欢，又是伤心，竟忘了老祖宗。该打，该打！”

仔细看去，王熙凤的话说得太妙了，这么长的“演说”，她根本没有提到过自己，全是在夸别人，结果，人们对她的印象却是极好极好的。

人际沟通的本质，就是有意图地对他人进行控制、引导。一个善于说“我们”的人，是很有领导力和号召力的，是受人欢迎和拥戴的。“我们”这个词，容易让人有参与感，使说话者与他人产生共鸣。相比之下，“我”就显得冷漠，听在他人耳中，更像是说话者在自我表演，无法将他人拉到同一战壕。

在人际交往中，也许你会发现，那些社交经验丰富的人，一般很少直接跟你说“我”怎么着，都是高喊“我们”怎么样。再比如卖衣服的，人家都是亲切地说“咱喜欢什么款式的”。虽然有套近乎的嫌疑，但不可置疑，这招很有效，称得上是人际交往的“助推剂”。

多说“我们”不仅适用于平时的人际交往，也适用于夫妻关系。美国加利福尼亚大学曾做过研究，平时总爱说“我们”的伴侣，在面对冲突时更能和平解决，而且他们的生活更幸福。相反，总说“我”的夫妻则矛盾不断。

该项实验采取的是抽样调研法，也就是从大街上抽样随意选取 154 对“从一而终”的中老年夫妇。研究人员在实验室内，拍摄下这些夫妻 15 分钟的对话，主要记录其出现矛盾时各自的想法，同时监控他们的心率、体温和流汗程度，以评估其生理状态。

结果显示，在交谈中频繁使用复词，如“我们”“我们的”的夫妻，他们的说话语气、神态更相似，争论时的态度也更积极，且出现压力增加的情况也更少。而那些喜欢在吵架中强调“我”和“你”的夫妻，更容易在争论中引发对这段婚姻的不满，争吵时间越长，呈现的压力感越大，冲突也就会随之加剧。

研究负责人本杰明·赛德解释：“‘你我’分明的夫妻更自我，不善于从伴侣的角度思考问题。而更偏向于说‘我们’的夫妻，他们的婚姻满足感更强。”

很多人脑海里潜伏着一些不正确的认知。比如，我一定要显得比周围的人强；我说的话一定要听；人人都要注意到我，我才算成功，才算有面子；我不说自己的优点，他们便无法知道，所以让大家注意我的最好方法，就是自己说自己的优点等。往往就是这种典型的“以自我为中心”的态度，妨碍了我们与他人的和睦相处，这会让我们成为交谈中令人讨厌的“大独裁者”。因此，与人交往，不妨多说“我们”，多拉战友。

4. 找到闪光点，把你的赞美“具体化”

我们经常听到这样的话，“你这个人真好”“你这篇文章写得真好”。但是，这个人好在哪里，这篇文章又妙在哪里，却是说不出个所以然。

像这样的赞美，空洞无力，完全没有一个具体的点，别人听完内心毫无波动，还以为你不过是在客气、敷衍。泛泛的赞美，缺乏细节的点缀，往往给人虚伪的感觉。

春节回家，王杰在父母的安排下跟一名女孩相亲。长这么大，他从来没有追过女孩子，又是个不善言辞的人，紧张之下更不知道该说什么了。

忽然，就在女孩掏出湿巾擦脸的时候，他双眼一亮，很自然地说了一句，“你的手好白啊，也很好看，我从没见过手指这么纤长的手，简直完美。”

女孩一听，很高兴地说：“是吗？我朋友他们也这样说。”接着，她又问王杰：“你们男生是不是特别喜欢皮肤白的女孩？”王杰笑着说：“倒也不是，一个人美不美，是考虑综合因素的。就拿我们的手来说吧，就算我的手跟你的一样白，也没你的好看，我的手指不够长，而且骨肉和关节也不像你的那样均匀，所以我才说，你的手好看嘛。”

就这样，王杰从“手”开始展开话题，把女孩说得眉开眼笑的。分别时，女孩笑着说：“你这个人太有趣了，和你在一起很开心，我们可以试着相处哦。”

赞美是否具体，意味着你是否真诚和用心。一次真诚的赞美，必然是由心而发，既是由心而发，那必定是具体的，没有人在真心赞美对方时，会只说一句话。

不用心的赞美是虚伪的，客套的，不但起不到赞美的效果，还会让人觉得你是要弄心机、溜须拍马之辈。也许有人会说：“有的人是没有什么地方能让人具体赞美的，只能说一些泛泛的辞藻，不是每个人都能被赞美的。”

其实，每个人都有他的闪光点，只要我们用心去找就一定能发现。懒散的人可以拥有一颗关怀他人的心，不求上进的人也许懂得享受“慢”生活，唯利是图的人也许是一名大孝子。不管是什么人，只要我们从细节入手，就能发现他的闪光点。而一个情商高的人，往往就能找出这些闪光点，然后用具体的赞美去打动对方，说服对方。

话虽如此，但真正与人交往时，我们可能面临更复杂的局面，比如对方是我们不太熟悉的人，又或者短时间内无法找出对方的闪光点等。那么，面对这种情况时，我们应该怎么办，才能使自己的赞美变得具体呢？不妨采用以下几种方法：

第一，避开俗套话。

所谓俗套话，就是大家听烦了的东西，诸如“久仰大名”“如雷贯耳”“百闻不如一见”“生意兴隆”“财源广进”等。用这种公式化的俗套话，很容易使人觉得你缺乏诚意，给人留下不值得深交的印象。

第二，避开公认特长。

赞美对方时，不要拿对方最明显的长处说事儿。比如，当我们与一名商界传奇人物对话时，如果总是说，“您真是一个商业天才啊，中国像您这样的人真的太少了”，对方十有八九会嗤之以鼻。试想，这样的话人家也不知听了几万遍了，还需要我们去说？

第三，从自己说起，引导对方透露讯息，然后加以发挥。

当我们对桌对面的那个人不太熟悉，不知道该怎么具体地赞美他时，不妨先从自己说起。比如，当我们面对一名大书法家时，可以这样说：“您太厉害了，能把字写得那么好看，其实我自己也练字，但不知道为什么，总是写不出笔锋。”

这样一说，对方多会指点我们，自然我们也就有机会知道对方更多的信息了，然后再具体地赞美对方。除此之外，面对其他领域的人也是一样，如果实在对对方的行业不清楚，还可以赞美对方为人处事的态度，总之，只要是细节性的东西就行。

第四，赞美可用肢体语言。

赞美并不局限于语言，有时候，崇拜的目光，或其他一些夸张的动作，都能表达我们的敬佩和惊叹，甚至比单纯的语言攻势效果更好。在这一点上，谈过恋爱的人都知道，当心上人用一种崇拜的目光看着你时，那种满足感和自豪感是非常明显的。

总之，一次有价值的赞美，一定要避免俗套话，更不能让人产生被欺骗、被玩弄的恶劣印象。要想做到这一点，将赞美具体化、细节化，是最好的选择。赞美越具体，说明你越在意对方，对对方的长处和成绩都了如指掌，对方自然也越感动。

5. 聊聊对方的得意之事

虽然人们常常说“好汉不提当年勇”，但实际上，绝大多数人都很乐意提及自己的“当年勇”，并且在这个过程中会表现出亢奋的状态。原因无他，只因为这些“当年勇”是他们值得骄傲的经历，是他们一生的得意之事。

与人交往，我们如果能适时地说一些对方的得意之事，必然会引起对方与我们交流的兴趣，拉近彼此的距离。想让对方乐意接受我们，这是一个很好的方法。

有一次，柯达公司创始人伊斯曼打算建造一座音乐堂、一座纪念馆和一座戏院。为承接这批建筑物内的座椅生产业务，许多制造商展开了激烈的竞争。

亚当森希望得到这笔生意，就去拜见伊斯曼。伊斯曼的秘书告诉他："先生，与伊斯曼先生谈话，最好不要超过5分钟，他很讨厌别人占用他太长的时间。"

之后，亚当森如愿见到了伊斯曼，伊斯曼道："先生有何见教？"

亚当森答道："伊斯曼先生，在我等您的时候，我仔细地观察了您这间办公室。我本人长期从事室内的木工装修，但从来没见过装修得这么精致的办公室。"

伊斯曼笑了起来："这间办公室是我亲自设计的，当初刚建好的时候，我喜欢极了。但是后来太忙了，一连几个星期我都没有机会仔细欣赏一下这个房间。"

"真的吗？那先生真是太有品位了。依我看，这里的桌椅大多是从英国进口的橡木，木质紧实细致，伴有芳香味……"亚当森的话，让伊斯曼不住地点头。

最后，两人一直谈到中午，伊斯曼甚至还邀请亚当森共进午餐。

其实，人际交往中，最重要的就是能够抓住对方的兴趣，使对方对我们产生好感，愿意与我们相处。只有建立在这个前提之下，双方才有进一步交流的可能，而要做到这一步，就必须先打动对方。情商高的人，就懂得把握人的心理，让对方注意到自己。

不管是什么身份、地位，每个人都有他自己的"峥嵘岁月"，一说起在这些日子里所经历的事情，他们必定眉飞色舞，情绪高涨。这是因为绝大多数人都有分享的欲望，而那些值得自己骄傲的事情，就成了与人分享的首选。毕竟没人喜欢把自己出丑的经历告诉别人。因此，与人交谈时，想要赢得对方认同，不妨多谈谈他的得意事。

当然，并不是所有的交谈中，我们都能提前知道对方的得意事，很多时候，需要我们自己在谈话的过程中挖掘。那么，在不熟悉对方的情况下，如何找到对方的得意之事？情商高的人往往会根据交谈对象的自身素质和气质，抛出一个个与之对应的话题。

和聪明的人交谈时，要展现出渊博；和博学的人交谈时，要展现出善辩；与善辩的人交谈时，要展现出主次有分；与高贵的人交谈时，要展现出有气势；与富贵的人交谈时，要展现出优雅；与贫穷的人交谈时，要展现出平等；与卑贱的人交谈时，要展现出谦让；与勇敢的人交谈时，要展现出敢担当；与愚蠢的人交谈时，要展现出聪慧。

一个人从事什么行业，自身处在什么层次，他们的得意事大多也与之相关。这就好比一个将军，他最自豪的事肯定多出自战场上，而不是哪个酒店的后厨。因此，与这样的人相处，我们就需要多引导对方讲关于部队和士兵的事，慢慢地，随着话题展开，他就会自然而然地讲述自己当年是如何如何厉害。这就是我们常说的“看人说话”。

总之，欲动其人，先动其心，欲动其心，先动其情。要想博得别人的好感，就一定要学会赞美。赞美不是随口胡诌，要有策略，做一个有心之人，学会把握人心，通过多讲对方的得意事，让赞美成为你人际交往的一把利器。

6. 物往贵处说，人往年轻讲

人们常说：“遇物加钱，逢人减岁。”什么意思呢？就是说，当我们评价别人的一件东西时，一定要往贵了说，而称呼别人时最好往年轻了喊，这是尊重，更是赞美。

比如，某人购买一件商品，花了60元，旁边有人却说只需30元就能买到，这人一定会有一种失落感，觉得自己太不会讲价。与之相反，如果他花30元买了一样东西后，别人却认为需要60元才能买到，他就会产生一种兴奋感，觉得自己砍价很在行。

正是基于这种心理，“物往贵处说”就成了一种约定俗成的赞美方式，操作起来既简单又方便，我们只需对对方购买的东西“高估”、对对方的年龄“低估”就行了。

高惠敏买了一套样式挺不错的西服，邱颖知道市场行情，这种衣服两三百元完全能够买下来，于是猜测价格的时候就故意说：“这套西服不错呀，得花四五百元吧？”高惠敏听后非常高兴，笑着说：“哈，你没想到吧，我花200元就买下来了。”

现实里，不论男女，谁不希望自己年轻一点，老得慢一点，能力强一点，在别人眼中表现得能干一点？“物往贵处说，人往年轻讲”，恰好迎合了人的这种心理。也许有人觉得这很虚伪，是赤裸裸的欺骗。但很多时候，一个人如果太“老实”，那也不好。

试想一下，面对二十出头的女孩儿，你叫人家“大姐”“阿姨”；小伙伴新买了手机，你说这东西现在不值钱，很便宜就能买到，这叫对方心里怎么想，换作是你，你高兴吗？但如果将那女孩儿称为“美女”，对伙伴的新手机进行高估，那就不一样了。即使我们说得并不对，但却说到了对方的心坎儿上，令其对我们产生好感，何乐而不为呢？

所以说，情商高的人通常不会说“老实话”，他们会把自己的交谈对象轻微拔高，以此赢得对方的认可和接纳。当然，我们在进行“价格高估”或“年龄低估”时也需要注意，“估价”之前要对“估价对象”做到心里有底，不能过于失真，以免不切实际。

比如，当对方是一个很明显的中年妇女时，诸如“哇，您看上去真年轻，保养得真好，我猜您应该还不到40岁”之类的话最好省省，这不是在赞美对方，而是无情地讥讽和嘲笑。傻瓜都看得出来她的年纪已经很大了，你还把“年轻”“保养得好”等词用在对方身上，只会让对方感觉你是在刻意羞辱她，不然，怎么会说出这么荒谬的话？

太过失真的“估价”，已经失去了它本身的意义，毕竟，人们喜欢的是给别人留下好的印象，而不是像傻瓜一样被愚弄。所以我们在对对方进行“估价”时，也要把握分寸。除此之外，我们还要分清对象，并不是所有人都喜欢对自己的年龄做“减法”。

对于大多数未成年人来说，他们渴望的是长大，是别人对他们说一句“你成熟了”“你长大了”，这意味着他们得到了认可，是对他们成长的肯定。与这样的人交谈，如果我们来一句“你看上去好年轻，还没成年吧”，对方可能就会认为我们是在轻视他，嫌弃他不够成熟，不够懂事。一旦产生这样的想法，他们就会非常抗拒与我们交谈了。

所谓万事有度可量，万物有尺可量，物极必反，“物往贵处说，人往年轻讲”一样要遵循这个定理。其实，说白了，这就是投其所好。当然，我们的出发点是光明正大的，无论对自己、对方还是社会，都是没有害处的。相反，这种说话的技巧往往能给对方、给社会带来正能量。这样的“美丽的错误”与“无害的阴谋”，是值得我们提倡的。

赞美本就是说人好话让人开心的行为，所以，情商高的人在赞美别人的时候，一定要注意投其所好，要挠到对方的“痒”处，只有这样的“恭维”才是有效果的。如果你不懂其他的赞美技巧，那不妨从“遇物加钱，逢人减岁”开始吧，这也不失为聪明之举。

7. 谈对方感兴趣的话题

聊对方得意的事，能勾起对方跟我们交流的兴趣，而谈对方感兴趣的事，则能打开对方的话匣子，使其彻底投入到与我们的交谈中。所谓志趣相投，便是如此了。

卡耐基说过："如果想要交朋友，并成为受人欢迎的说话高手，就要用热情和生机去应对别人。接触对方内心思想的妙方，就是和对方谈论他最感兴趣的事情。"

美国耶鲁大学文学教授、散文家威廉·菲尔普斯曾在《人性》中写道：

在我8岁的时候，有一次周末我在姑妈家玩，其间一位中年男子来姑妈家做客，一阵寒暄过后，他把注意力转移到了我的身上。

当时我正巧对船舶很感兴趣，于是来访者便与我讨论起这个话题，他谈话的方式在我看来非常吸引人。在他走后，我激动地谈起这位来访者——他真是个学识渊博的人！

姑妈告诉我，他是纽约的律师，其实对船舶一丁点儿都不关心，他对这个话题其实半点兴趣都没有。"但他为什么总谈论关于船舶的话题呢？"

"因为他是位绅士，他看出来你对船舶很感兴趣，于是就谈一点自己有所了解又能让你开心的东西，这样能使他更受人欢迎。"

一般情况下，当人们遇到自己感兴趣的话题时，就会投入十二分的热情，而在现实生活中，每个人都有他感兴趣的东西：汽车、文学娱乐、科学研究……所以，在人际交往的过程中，想和别人聊得投机，就需要学会从对方感兴趣的话题开始说起。

俗话说："酒逢知己千杯少，话不投机半句多。"遇到和自己有共同话题的人，往往能够很快接受对方，而遇到一个兴趣不合的人，哪怕半句话也不想与他说。可见，说对方关心和感兴趣的事，本质上就是激起对方谈话的欲望，使对话能够进行下去。

而且，从个人的表达能力上来说，虽然不是每个人都能言善辩，但在自己感兴趣的领域，每个人都能侃侃而谈，而且充满了激情。比如，你跟一个爱好汽车的人谈汽车，他必然会舌灿莲花，相反，你跟一个热爱游戏的人谈书籍，他将会非常反感。

因此，谈论别人关心的事，其实也是一种隐性的赞美，会让对方生出成就感，不至于在交谈中陷入“不知道该说什么”的尴尬境地。自然，用这种方法来博取对方的好感和维系彼此的感情，也是非常有效的，没有人会拒绝一个兴趣相同的朋友。

美国第26任总统西奥多·罗斯福，就是一个精于此道的人。据文献记载，但凡拜访过他的人，都会对他渊博的知识感到惊讶，有人甚至回忆说：“无论对方是一名牛仔，还是一位骑兵，抑或纽约政客、外交官，罗斯福都知道该对他说什么话。”

罗斯福是怎么做到的？原来，每当有人来访的前一天晚上，他都会翻读这位客人特别感兴趣的话题的资料。他知道，找准话题，是打动对方心灵的最佳方式。

可见，想要准确把握对方感兴趣的事，并不是那么容易就可以做到的，我们必须花时间去了解这个人，只有真正了解了这个人，我们才能把握其感兴趣的事。

那么，除了事先了解对方，还有没有什么其他方法，能够帮助我们把握对方感兴趣的事呢？比如，当我们临时约见了一位不太熟悉的人时，又该如何谈及对方感兴趣的事情？老实说，这个时候我们能做的就是多找话题，一个个试探。

当然，在这个试探的过程中，我们一定要谨慎对待，细心观察，留意对方的每一个细节变化。一旦对方对某个话题产生厌烦甚至抗拒，我们就应该立刻抛弃这个话题，如果因为某个话题不合对方胃口，反让对方对我们产生反感，那就太可惜了。

通常情况下，当我们与不太熟悉的人或者陌生人交谈时，在不知道对方兴趣爱好的前提下，比较稳妥的方式之一是从对方从事的工作说起。毕竟，大多数人对自己所从事的工作还是比较感兴趣的。另外，我们也可以从时下比较热门的话题入手，娱乐八卦、热点时事、历史旧闻、科学前沿……总有一个话题是对方比较感兴趣的。

当我们去了解一个人的爱好和兴趣的时候，我们就能快速地弄明白，他喜欢什么方面的东西。如果我们恰好在这方面又了解颇深，就可以与对方相谈甚欢了。

总而言之，当我们对别人感兴趣的时候，就是别人对我们感兴趣的时候。情商高的人懂得利用对方感兴趣的事为自己铺路架桥，从而快速实现双方的深度交流。

8. 赞美的时候要真诚

赞美的好处不言而喻，马克·吐温就曾说过："我能为一句赞美而不吃饭。"但是如果为了赞美而奴颜婢膝，刻意讨好对方，那就不是赞美，而是给人做奴才了。

赞美的方式、次数以及程度，要因不同的场合、对象而有所区别，如果盲目赞美，很可能适得其反。也就是说，适度的赞美能赢得好感，过度的赞美惹人厌。

刚进公司的时候，宋玉生就知道自己的上司喜欢喝茶，而他家是云南的，在那种从小耳濡目染的环境下，他对茶也有一定的研究。所以春节回家的时候，他就从自家茶园给上司带了一些茶叶。上司收到他的礼物后，非常高兴。

有一次，部门要举行茶话会，急需大量茶叶，上司就找到了宋玉生，表示希望他能为这次活动提供茶叶。一位跟宋玉生要好的同事连忙给他使眼色，让他赶紧答应下来。宋玉生明白这位同事的意思，无非是帮了上司这个忙之后，能更讨他欢喜罢了。

不过，宋玉生却没有立刻答应，而是说道："领导，如果我提供茶叶的话，最多只能按市场价的八折走，毕竟那是我父母的经济来源，一家人靠它吃饭呢。上次给您带茶叶，那是我个人对您的心意，而这次是公司活动所需，我可能不能无偿提供。"

本以为上司听到这话后会生气，没想到对方竟然笑着说："那是应该的，小宋啊，你能将事情分得这么清，很不错，就按你说的办，打八折，不过要快啊。"

与人交往，适度地投其所好，体现的是我们对对方的尊重，这是一种礼尚往来的交际礼仪。毕竟，没有谁会真正拒绝与一个对自己心怀敬意的人交往。但如果将这种投其所好放大，变成刻意的讨好，那就很容易引起别人的反感和猜忌了。对方会想，这个人这般处心积虑讨好我，是不是想从我身上得到些什么，又或者想害我?

一旦对方产生这种想法，就会在心里竖起一道墙，接下来的交往中，你就很难让他付出真感情了。生活不是演戏，很少有人会在明知对方对自己有所企图的情况下，还继续跟他交朋友，即使还有人际场合上的来往，也不过是打着彼此利用的心思罢了。

比如，公司来了一位漂亮的新同事，一般而言，称赞对方一句"你好啊，美女"或者"你很漂亮"，给人留下良好的初次印象就够了。但如果你还要不停地找形容词赞美她，就会引起她的警惕，以为你对她"有意思"，搞不好人家就会对你敬而远之了。

因此，与人交往时，我们一定要注意赞美的尺度，可以投其所好，以动其心，但绝不可以刻意讨好，自贬身价，平白地让人瞧不起。通常情况下，谄媚的人都是惹人厌的，给人一种随时觊觎别人好处的感觉，这样的赞美是失败的，是没有任何意义的。此外，在一些严肃的交际场合也不宜过多赞美别人，以免与整个气氛不协调，影响表达。

不过，当下有很多人对"投其所好"这种行为存在误解，认为这就是小人行径、拍马屁的行为，是可耻的，以至于不屑这样做，其实我们大可不必这么极端。

诚然，在职场中，有很多人利用"投其所好"这种行为，为自己谋取私利，危害整个团队、部门和企业。但是，这是使用者本身的素质所决定的，跟这种行为本身无关。从本质上来说，投其所好，是人际交往中的一种基本礼仪，更是对他人的尊重。

试想一下，明知道对方忌口，不吃荤食，结果每次聚会的时候都只点荤菜，这岂不是无视对方的感受？再比如，明知道对方是某某明星的狂热粉丝，结果在跟他相处的时候，总是有意无意地谈起那位明星的一些负面新闻，这难道不也是一种伤害吗？

情商高的人懂得抓住对方的兴趣爱好，适当地投其所好，这不仅仅是出于拉近彼此关系的考量，更是表达自己的善意和尊重，告诉对方：你喜欢的东西很好，我也很欣赏。这样一来，对方就会感觉自己得到了认同和支持，不管双方接下来是成为朋友还是陌生人，但至少不会起冲突。谁也不希望自己眼中的美好，被别人评为垃圾，不是吗？

总而言之，与人相处，赞美必不可少，但与此同时，我们也要把握其中的尺度，万不可从一个极端走向另一个极端。刻意地讨好和迎合，只会让人在心生警惕的同时，降低对我们的评价。一个情商高的人，是将自己放在与对方平等的位置上，然后运用一些小技巧，使双方能够快速增进感情，而不是将自己视作奴才，对人卑躬屈膝。

第三章

情商高的人，场面上绝对不会失礼

1. 主动破冰，不要等着别人来跟你打招呼

“哎呀，我跟他们不熟啊，要不要过去打个招呼呢？”

“还是算了吧，万一人家不想和我说话，那多尴尬，吃自己的饭，喝自己的酒，做个安静的美男子吧。如果人家愿意跟我说话，不用我开口，对方也会过来吧。”

缺乏勇气，不敢主动出击，这是社交场合的大忌。等，是等不来好的人际关系的，要想破冰彼此的关系，认识对方，让对方记住我们，就要主动跟对方打招呼。

有一次，赵云飞的好哥们儿为了庆祝自己和女友相恋三周年，决定举办一次盛大聚会，就邀请了自己的好友以及女友那边的好友，赵云飞自然在名单上。

赵云飞是单身，一直以来都想找个女朋友。恰好，在聚会上，哥们儿女友的一个闺蜜让他很心动，他很想跟对方打个招呼，认识一下，最好是能互相留个微信。

可他是个内向又不善交际的人，犹豫了好半天，还是没能踏出那一步。他总是担心对方会拒绝他，会让他难堪，会破坏此时的气氛，影响到朋友的聚会。

就在这时，他的好兄弟似乎看出了他的心思，就鼓励他大胆去找对方搭讪，最后还使劲儿推了他一把。在好哥们儿的帮助下，那个女孩儿很自然地注意到了他。

“你没事吧？”

“啊，没……没事，没撞到你吧……”

就这样，两人聊了起来，赵云飞这才发现，女孩很好说话。而且，女孩还告诉他，他俩的把戏她全看到了，惹得赵云飞一阵脸红。最后，他顺利拿到了对方的电话。

很多时候，我们看那些不熟的人和对方看我们是一样的，都觉得对方可能不好交流，有点冷酷，生人勿近。但实际情况却是，大家都有一颗火热的心，只要有人带头儿，立刻就能打成一片。只可惜，因为不够主动，很多这样的机会都被我们白白错过了。

其实，陌生人和我们并没有什么不同，在陌生人眼里，我们也是陌生人，如果我们能够向对方敞开心扉，他们也能做出积极回应。所有的朋友都是由不认识变为认识的，所有的熟人也都是由陌生再到熟悉，从这个角度讲，陌生人反而是我们最大的资源。

与陌生人交往，过度防范和戒备的心理是最大障碍，很多人拿捏不好其中的分寸，一味地将陌生人排除在自己的人际关系之外，其实是把很多机会单方面放弃了。要知道，由陌生到熟悉，很多时候只隔着一层纸，只要我们在交往的时候多一分主动，那么捅破这层纸，消除与陌生人之间的“冰墙”并非难事，反而会因此收获许多意料之外的回报。

还有一些人，因为不好意思，畏惧与陌生人交流，担心遭到对方拒绝，又或被当作“神经病”，于是收拢自己打招呼的欲望，即使与人擦肩而过也不敢看对方。这样的状态，如果持续时间过长，不但会阻碍我们的发展，还会严重削弱我们的自信心。

因此，与人交往时，我们要敢于主动出击，不要将对方想得太可怕，对方跟我们都是一样的人，也渴望得到别人的认可和支持，也希望与人交朋友而不是做敌人。我们与陌生人之间的距离，仅仅隔着一次“主动的招呼”。具体来说，我们可以这样做：

首先，我们要调整好心态，给自己多一点信心，开口之前先给自己打打气，并暗暗告诉自己：我能行，一定能行。这样，我们就能暂时舒缓心中的紧张，虽然这只是暂时的，但有时候也会给我们带来意想不到的效果。成为朋友，往往就从这一句话开始。

其次，如果对方是一个比我们要优秀得多的人，或者在交流的过程中，感觉到对方比自己更优秀，那我们就要摆正心态了。千万不要盲目地将自己与对方做比较，也千万不要有这样的心思：我比不上他，和他在一起会显得我差劲。我们应该这样想：他确实很出色，但人各有长处，我在这方面虽然不如他，但是在别的方面我也有自己的优点。

毕竟，与人交往的宗旨是为了提高我们自身，如果因为对方太优秀，反将我们自己的信心击垮，那就与我们的出发点相悖了。我们可以钦佩对方，但不能自卑。况且，“梅须逊雪三分白，雪却输梅一段香”，每人都有各自的长处，何必计较局部的胜负。

最后，我们要谨记一点：一个情商高的人，其最大的魅力在于他的自信，在于他敢先向对方主动展现出自己的善意。换言之，我们主动跟对方打招呼，是想告诉对方：我的眼里有你，我们可以相互交流。万万不能把这种“平等相交”变成“下对上”的讨好。因此，在与人打招呼时，我们一定要有礼有节，既要表现得亲近，又不能过分靠近。

总之，与陌生人交谈并不是多么困难的事，只要我们敢于先伸出手，对方自会回应我们的善意，一个情商高的人，永远不会干坐在原地等别人伸手。女朋友是追来的，好朋友也是追来的，高大上的人际关系更是追来的，与人交往，离不开一个“追”字。

2. 即使你不喜欢对方，也要笑脸相迎

有人问：“我内心很讨厌一个同事，但我见面并不把讨厌写在脸上，我见面仍然微笑着说话，我是不是非常虚伪？”其实这并不是一种虚伪，而恰恰是一种成熟。

冷脸待人，最是伤情。一个人，哪怕你并不喜欢他，也不要总给人家脸色看，除非你在心底已经将对方当作了敌人。

我们每天都要面对形形色色的人，在这个过程中，必然会出现不合我们胃口的人，或许是工作上的竞争者，又或者是生活中不对路的人，甚至仅仅只是单纯的气场不合的人。但不管怎么说，我们不喜欢对方仅仅只是我们的感受，不代表对方就是坏人。讲道理时，我们仍然要给予对方基本的尊重。随意给对方脸色看，损害的是我们自己的形象。

最近，公司新来一位同事，做事咋咋呼呼的，说话时嘴也不怎么把门儿，这让性子内敛的于汉丽非常不喜。更不巧的是，经理让她做这位新同事的师傅，对此，于汉丽苦恼不已。她开始有意识地针对这位新同事，上班不给好脸色，下班从不跟对方打招呼。

有一次，这位新同事遇到一些工作上的问题，向于汉丽请教。于汉丽这时也很忙，见到对方前来，心中就很烦躁，于是看也不看对方，直接吼道：“别来烦我，没见我现在正在忙吗？一点儿眼力见儿都没有，还什么都不懂，真不知道在学校都学的啥。”

一番话说得新同事憋红了脸，旁边的同事看到了，也纷纷替对方打抱不平：“小于，你这次过分了啊！”“就是，就是，人家小姑娘也没惹你，没空就说没空，不愿说就不说，何必说得这么难听呢？”显然，于汉丽刻意针对新同事的行为，已经引起了大家不满。

因为不喜欢对方，就直接表现出来，甚至心有不忿，刻意针对，落在旁人眼中，这就是我们的不对。而且，很多时候，一些原本可以轻易解决的误会或者苦衷，正是基于此类心理才越闹越大，弄到最后一发不可收拾，结果受到伤害的往往还是自己。

学一点外圆内方的处世技巧，面对自己不喜欢的人，起码要做到不伤人脸面，这对对方与自己都是有好处的。即使是假装出来的热情，也会让对方铭记在心。毕竟，谁知道在以后的日子里，我们会不会需要对方的帮助呢？多一个朋友，总比多个敌人好。哪怕对方最后成不了我们的朋友，那至少也让彼此停留在和平相处的“路人”状态上。

董佳佳在北京上班，住的是公司分配的公寓，一间房里有4个人，其中一个同事性格孤傲，平时不怎么合群，大家都说她心眼多，喜欢搬弄是非，不喜欢她。

董佳佳其实也不喜欢这个同事，但她认为，自己一个人孤身在外，多个朋友多条路，并且对方也没有做什么出格的事。于是，每次见面她还是笑着向对方问好。

事实证明，董佳佳的做法是正确的。两个月后的一天，主管突然发现一份数据出现了失误，而工作交接是董佳佳签的字，想要追究她的责任。这时，这位舍友站了出来，证明责任不在董佳佳，并和主管据理力争。最终，真相水落石出，董佳佳确实无责。

不管是站在旁人的角度，还是站在当事人的角度，我们如果过于“刻薄待人”，本身就是杀敌一千、自损八百的下下策。因此，为了避免这些可能出现的后果，人际交往中，我们最好还是秉持与人为善的态度，宁愿给对方送去“阳光”，也不要制造半点“黑暗”。比如当某同事得到嘉奖时，哪怕我们心里再怎么不屑，也别忘了送上一句祝福。

具体来说，当我们遇到不喜欢的人，却又不得不与之相处时，不妨这样做：首先，学会以己度人。没有哪个人是完美无缺的，我们不喜欢的人身上，固然有让我们觉得不好的地方，但如果客观地认清我们自己，就会发现，我们自己同样有着许多不足。既然彼此都不是完美的人，那么，我们又有何资格去讨厌对方呢？只要有了这样的认知，我们就能调整自己的想法，尝试接纳对方了。

其次，尝试去挖掘对方的优点，以及让自己满意的地方。人都有这样一种心理：如果觉得对方是坏的，那么在看对方时，就很容易看到对方身上的缺点，甚至连看到对方呼吸时都像是蛤蟆喘气儿；但如果我们从心底就认为对方是好的、优秀的，那么对方所做的一切都是对的。我们不妨带着这种心态去看对方，就能发现对方身上的优点。如此一来，就能接受对方了。

总之，良言一句三冬暖，恶语伤人六月寒。千万不要做别人眼中的“坏人”，要做就做处处送温暖的“圣诞老人”。微笑送多了，自然也就能收获更多的微笑。总之，一个人的胸襟一定要宽广，哪怕是面对我们不喜欢的人，也要微笑待之，以礼相迎。

3. 自顾自，再文雅的吃相也失礼

朋友聚会、公司聚餐，又或者正式的应酬饭局，都需要注意一定的餐桌礼仪。很多时候，如果我们忽视了一些礼仪上的细节，很可能会给他人留下不好的印象。

有一次，部门为了欢迎新领导就职，安排了一场表示欢迎的饭局。席间，杨学兵一个劲儿地埋头“苦”吃，既不与新来的领导说话，也不跟其他的同事交流互动。

见他这个样子，坐在他身旁的好友刘定方立刻用手肘顶他，低声说道：“你小子，怎么只顾着一个人吃，也不跟新来的领导敬酒？太失礼了，同事们都在看你呢。”

杨学兵很吃惊，抬头一看，果然发现其他同事频频朝他这边瞥，那位新来的领导也有意无意地看向他。杨学兵立刻反应过来，自己只顾着吃，没有跟其他人交流，已经影响到大家的兴致了。于是连忙放缓了夹菜的动作，开始跟其他人聊起一些新闻八卦。

很快，气氛得到改善，大家你来我往，酒杯碰个不停。

在比较正式的饭局上，如果一个人自顾自吃，哪怕吃相再文雅也是一种失礼。在这种场合下，餐桌其实已经成为一个小型的社交场合，吃饭也不再是一个人的事，如果只顾自己海吃海喝，而将其他人晾在一边，那么别人就会觉得你瞧不起人，妄自尊大。

试想一下，当别人都在讨论精致的菜肴、互相赞美、感谢东道主慷慨的时候，你却在埋头“苦”吃，对别人的反应不闻不问，别人会怎么想？会觉得你自私自利，不懂得关照他人；会觉得你性格孤僻，情商低，不懂得怎么融入集体。

更重要的是，自顾自吃还会降低我们自身的格调，削弱我们在他人眼中的形象。别人会觉得，这样一个自顾自吃的人，要么经济条件不太好，连自己的温饱都不能解决，要么就是目光短浅，不懂得把握机会，能力水平不够。无论是哪一种人，都会让对方降低对我们的评价，从而将我们定义为前途暗淡、没什么发展潜力、不值得深入交往的人。

饭局应酬，本是为了拉近彼此的距离，进一步加深彼此的关系，如果反让对方通过一次饭局而将我们视为不值得交往的人，那就太可惜了。

事实上，餐桌礼仪，自古有之，而随着时代的发展，它也在不断调整。当下，我们生活中的餐桌礼仪也有了更加契合时代的变化。除了不能自顾自吃之外，还有其他很多需要我们注意的细节。那么，具体来说，在聚餐的时候，我们应该注意哪些方面呢？

第一，不埋头吃饭，动作要轻柔。

吃饭的时候，我们最好把碗端起来，但是胳膊不要撑得太开，以免挤到边上的人。夹菜或盛汤的时候应该把碗凑上去接住，不能让菜汁或汤水洒得到处都是。动作不要太大，当心溅到旁边的人。

第二，夹菜要一击即中，不要在盘子里左右穿梭。

有的人喜欢在夹菜的时候，用筷子在菜里面翻来挑去，或者夹到一半，发现是自己不爱吃的，又重新放回到盘子里。这是极为失礼的表现。

夹菜就像下棋，最忌讳“悔棋”，谁又愿意吃别人夹过的菜呢？因此，我们一定要一击即中，夹中哪个就是哪个，如果担心夹到自己不喜欢吃的，那就别太仓促，先搜寻猎物，瞅准了再出手。另外，不要站起来夹菜，那样显得太粗俗。

第三，不要霸占自己喜欢的菜。

有的人嘴馋，看到自己喜欢吃的菜，就把盘子端到自己面前，以方便索取。这也是一种流氓的表现，要知道，别人也可能喜欢吃这道菜，你霸占着不放，别人就吃不到了。所以吃饭的时候，我们最好不要这样做，否则，别人会给你贴上“自私”的标签。

第四，不要含着一大口菜跟人说话。

诚然，自顾自吃是失礼的行为，但如果你一边往嘴里狂塞食物，一边跟人说话，这也是失礼的表现，容易将嘴里的东西喷出来，俗称“喷饭”。试想一下，你一边滔滔不绝，一边像机关枪一样从嘴里喷出各种残渣，别人还有胃口吃你“加料”的饭菜吗？

当然，餐桌礼仪自成文化，远不止这几点，还包括其他很多方面，比如不能冒犯别人的饮食习俗，不能铺张浪费等。总之，餐桌是一个小型的社交场，吃好一顿饭，也许就能为我们带来新的机会、新的朋友，反之，“吃”得不好，就有可能自损形象。

有人说，最能体现一个人教养和素质的地方，其实就是在餐桌上。一个情商高的人，懂得避开那些餐桌上的禁忌，并利用餐桌礼仪，为自己塑造一个良好的形象。

4. 第一次见面就能叫出对方的名字

一个人的名字和头衔，就是他在这个社会上的名片，是他存在于这个世界上的一个具体符号。与人交往时，如果我们能在见面的一瞬间，就准确地叫出对方的名字和头衔，就会给对方传递一个善意的信号：我记得你，也很在意你，所以记住了你的名字。

试想一下，在人头涌动的街头，多年没见的朋友只是远远瞥见你，就能准确地叫出你的名字，我们心中会是什么感觉？再比如，一个工作上只合作过一次的人，能够在再度见面时叫出我们的头衔，这又是什么感觉？恐怕不只有喜悦，更有一股感动吧。

美国历史上最著名的总统之一——罗斯福先生，曾有一个得力的左右手，名叫吉姆，可以说，罗斯福能坐上总统宝座，与这个人的帮助有着很大的关系。这个吉姆有一样少有人及的本事，那就是准确叫出5万个人的名字。他曾自豪地说，这就是他成功的秘诀。

年轻的时候，吉姆是一家石膏企业的外务员，为了工作需要，他自创了一套记忆姓名的办法。他遇到陌生人时，一定会把对方的姓名、工作等资料问个清楚，并牢牢地记在脑海中。凭借这种方法，吉姆交上了很多朋友。

后来在罗斯福竞选之初，吉姆曾用19天的时间，搭火车经过20个州，跋涉12000里为其拉票。他每经过一个城镇，就与会见他的人聚餐，并且亲切地与其交谈。

等到整个访问行程结束后，他立刻写信给这些日子以来他见过的每一个人，请他们将亲友名单寄给他。如此一来，吉姆认识的人越来越多，甚至每天要写800封信，而在每封信中他都能准确地叫出对方的名字并知道对方做什么工作，然后请求对方支持罗斯福。

据心理学家研究表明，每个人的内心深处，都渴望被别人在乎、关注和尊重。而关注和尊重他人很重要的一步，就是叫对他人的名字，这不仅仅是一种礼貌。试想一下，我们与人交谈时，如果连对方叫什么都不知道，又该如何开口呢？更有甚者，对方已经提前告知了自己的名字，如果还是叫不对人家的名字，那就不是失礼，而是在侮辱人了。

事实上，能够“准确叫出对方的名字”，在各种社交场合都能派上用场。欧美人在说话时，就常常带着对方的名字，比如，在各种好莱坞的电影里，我们总是会发现这样的台词：“嘿，汤姆，我的小伙伴儿！”“嗨，彼得，你今天没吃早饭吗？”……

也许这样的说话方式听上去很别扭，但就是在这一声声“直呼其名”中，双方变得亲密了，彼此的距离被拉近了，宛如彼此早已相交多年。为什么会这样？就是因为被叫到名字的那个人会觉得，对方已经认可了他并尊重他，让他觉得自己是重要的人。

被人们称为“世界上最伟大的销售员”的乔·吉拉德就曾经说过，“世界上最美妙的声音是什么”，是“听到自己的名字从别人的口中说出来”。然而，生活中我们很多人不习惯或者不喜欢记别人的名字，认为没那个必要，自己只要记得这个人就行。殊不知，名字作为一个人最重要的名片，你都记不住，又如何向别人证明，你记住了他这个人呢？

有一次，某知名电器公司董事长打算请代理商和经销商吃饭，为了避免在席间冷场，董事长私下让秘书按照每位来宾的座位，把他们的名字依次记下，交给他。

拿到名单，董事长连夜“赶工”，背下了所有人的身份和信息。等到了饭桌上，每当董事长和这些老板交谈时，总能随口叫出他们的名字，并且准确无比。这些老板非常惊讶，觉得公司很重视与他们的合作，十分感动。在之后的合作中，他们也更卖力。

名字虽然只是一种文字符号，但它所代表的是以其为名的那个人。作为社会的一员，我们每个人都不是孤立存在的，都与社会有着紧密的联系。而起到联系作用的，正是一个人的名字和他的社会职务，以及身份。换言之，名字和头衔就是我们在社会上的象征和化身，因此，记住它们就是对一个人最大的尊重和认可，是拉近彼此关系的利器。

很多人之所以容易忘记别人的名字，完全是因为不够重视这一点，当别人在做自我介绍的时候分心走神。当然，如果你的记忆力确实不佳，那么在事后就很有必要将对方的名字用笔记下来，这样对方不但不会讨厌，还会产生一种自豪感，因为你是真心实意想记住他的名字的。另外，为了防止以后遇到重名的人，除了名字，最好是把对方的基本情况如单位、性别、年龄等记下来。这样，哪怕多年过去了，我们也依然会记得对方。

名如其人，记住别人的名字，就是给予对方最好的尊重。一个情商高的人，在与人交往时往往会设立一个“人事档案”，准确记录下各个交往对象的名字及相关资料，以避免见面时张冠李戴，叫错对方的名字。如此一来，也能避免很多不必要的尴尬。

5. 掌握酒桌规矩，对交往大有裨益

无酒不成席，自古便有之。逢年过节，与人聚会，工作应酬，社交场合，凡此种种，大多离不开“酒”，因此有了“酒文化”。然而，生活中我们很多人常年喝酒，却很少有对酒真正有研究的。比如喝酒需要干杯，喝了这么多年，你真的会“干杯”吗?

与人干杯，如果不小心犯了这些细节上的错误，那就很可能给对方留下不好的印象，别人也会觉得我们不懂得做人。

第一，提议大家干杯时，自己一定要先站起来。

干杯一般是先由某人提议，可以是主人家，也可以是前来的宾客。但作为“干杯”的提议者，一定要先站起来，这样才能显示出对他人的尊重。说白了，喝酒喝的就是面子，让人感到被尊重是最重要的。

第二，与人干杯，务必要真诚，不弄虚作假。

与人干杯要讲究诚信，答应了干杯就要说到做到，如果酒量不佳，可以事先告知大家，却万万不能等到喝的时候才要弄手段。这会给人一种“玩弄心机”的感觉，是非常失礼，也非常容易得罪别人的行为。

第三，与人干杯，不要当“万年坐王”。

在别人提议干杯时，哪怕自己不喝酒，也应该站起来，以水代酒，以示敬意，千万不能傻傻地坐在那里，以为自己不喝酒，就不用去“瞎掺和”。这个时候，大家都举杯，求的是一个意境，意思是“我们大家都是好朋友”。你若不起身，就意味着你将自己排除在众人之外，这是明显的不给面子的行为。

第四，不同的酒，有不同的“干”法。

在中国的传统里，比较正式的酒局上干杯多是用白酒。用白酒干杯，除非提议干杯的那个人主动说“随意”，否则，一定要“一口干完”，杯子里不可以有任何残留。如果是在西式的酒宴上，那么干杯只可以喝香槟酒，不能用其他的酒充数。并且，在喝香槟酒时，是不可以一饮而尽的，而要以一半为宜。

另外，还要注意葡萄酒的喝法。一般来说，在一些稍微正式的宴会上，都不会少了葡萄酒的身影，也就是我们常说的红酒。喝葡萄酒如何碰杯，很多人都不清楚。越好的葡萄酒杯，杯壁越薄，而杯沿是最薄之处，容易被碰碎，尤其当两个人为了表示尊敬，争着将杯子往下放的时候，很容易因为力道把握不好，而将杯子碰碎，这是很失礼的行为。

最好的葡萄酒的碰杯方式，我们首先要有一个优雅的姿势，在西方礼仪中，碰杯肚子是最合适的，这样的姿势方便又优雅。更准确地说，碰杯一般分三个步骤。

第一步，先选定自己要碰杯的对象，然后再手持高脚杯，逆时针方向将酒杯稍稍倾斜，与垂直方向成 15° ~ 30° ，两只酒杯并排放置，杯子的边缘远离对方。

第二步，将两只酒杯相互轻轻对碰时，会听到持续爽脆的“叮叮”声。

第三步，换下一位友人一起碰杯。

还有更重要的一点，在西式的碰杯礼仪中，碰杯的时候一定要注视对方的眼睛，这是尊重对方的一种表现。而且，除了表示尊重，这也是传递心意的好时刻。

最后，干杯的时候，我们举杯的高度也是有讲究的。人与人的亲疏程度、上下之别，很多时候就是在这碰杯的高度中体现出来的，如果我们忽略了这一点，那么在与一些特殊人物干杯时，就很容易引起对方的不快，这对我们的人际交往是大大不利的。

与领导或者长辈或者客户一起喝酒的时候，如果与对方碰杯，那么我们必须注意自己举杯的高度。一般来说，我们的杯沿要比对方低，以表示尊敬。

如果是与平辈或者下属一起喝酒，我们在举杯时，就不要刻意压低酒杯的高度。压得太低，只是妄自菲薄、谦虚过度的表现，很容易让人看不起。

和比较熟悉的人一起喝酒时，如果你是劝酒、敬酒的人，那么举杯时杯子要低一点。但如果大家只是随意喝酒，没有明显的敬酒、劝酒之意，就不用在意了。

如果是在婚礼上，由于场合特殊，一般多是新郎、新娘向宾客敬酒。这个时候，新人在提议干杯时，新娘一定要先摘下手套，酒杯应端至胸前，举杯时幅度不宜过大，不能让酒杯遮住脸部。同时，新郎与新娘呈“八字形”站立，以表示对大家的欢迎。

总之，酒桌上的规矩有很多，如果我们不能掌握这些规矩，那么即使喝再多的酒，对我们的人际交往也没什么助益。与人喝酒，喝的不只是一壶酒，更是一种为人处世之道。一个情商高的人，要学会利用好这些规矩，让自己成为酒桌上最受欢迎的人。

6. 不能说的劝酒词

在酒局应酬上久经战阵的人都知道，酒场如战场，很多时候，喝酒靠的是智慧，而不是酒量。比如劝酒词，在酒桌上就有着举足轻重的作用。当我们向别人敬酒时，如果没有好的说辞或合适的理由，被敬酒的人通常不会轻易喝下这种随意敬过来的酒。

敬酒的理由说得越充分，越令人无可挑剔，对方就越心甘情愿地与我们碰杯，并对我们印象深刻。反之，就会给人留下不好的印象。因此，劝酒词就颇有讲究，有些话该说，而有些话打死都不能说。稍不注意，敬酒就会“敬”出一场干戈，得不偿失。

有一次，雷洪跟随上司一起应酬客户。酒桌上，上司与客户说说笑笑，话题不断，雷洪则安静地待在一旁。某一刻，雷洪准备夹菜时，上司连忙给他使眼色。

雷洪会意，举杯站起来对客户说：“宋先生，一直听说您是个特别冷的人，我看谣言非实，您看上去很平易近人啊！哈哈，这杯酒我敬您。”说完雷洪等着与客户干杯，然而客户却冲着他的上司笑道：“现在的年轻人真是精力旺盛啊，我是不行了，不能喝太多，更何况开着车呢。”雷洪当场就傻眼了，客户刚才还跟自己的上司不停地碰杯呢。

雷洪的上司赶紧道：“年轻人嘛，还需要锻炼。小雷啊，你先回公司帮我把下午开会的资料准备一下。”雷洪放下酒杯，有些尴尬又有些羞愧地离开了。

事后，上司直接把他叫到办公室，狠狠地训斥了一顿。这时雷洪才知道，他错在敬酒时说了一些不该说的话。客户“冷”不“冷”，哪轮得到他来瞎评断呢?

向别人敬酒，本是一件活跃气氛的事，为的是让彼此喝得高兴，但有些人却偏偏容易犯浑，喜欢发表一些“新颖”的观点，来表达自己对对方的看好。比如：“未见面之前，我常听别人说你这人怎样怎样，可我看着不像啊，果然是‘百闻不如一见’。”

很明显，这是一句不成功的劝酒词，虽然说话的人本意是想要夸赞对方，然而，他犯了两个错误。第一，在酒桌这种相对“自由”的场合下，将对方一些负面的东西抖了出来，若是其他人抓住这一点乱开玩笑，只会让对方尴尬，而对方也只会把这桩“仇怨”记在说这话的人身上。第二，“百闻不如一见”，这种褒贬不一的词用在酒桌上，那就是给人借题发挥的余地，若是有心人故意捣乱，被敬酒的人就会陷入非常不利的境地。

一句令人无可挑剔的劝酒词，必然是充满正能量的、积极的、能够恰到好处地赞美对方的话。像这样褒贬不一的词，最好不要用。至于涉及对方黑历史以及有损其形象的东西，那更是禁区，一个字也不要提，否则，对方多会将你拉进黑名单。那么，具体来说，面对不同的敬酒对象，有哪些话我们绝对不能说呢？不妨参考以下几点：

第一，面对不熟的人，不要说“不喝就是瞧不起我”。

很多人在劝酒的时候，喜欢用这类话进行情感绑架。殊不知，人们最讨厌的就是这种自以为是的话，本来喝酒就是凭酒量和交情，何必抬高到瞧不瞧得起谁的高度呢？用这样的话进行劝酒，对方就算勉强喝了，心里也会真瞧不起你，认为你没酒品。

第二，面对不熟的人，不要说“就喝这点，是不是男人”。

酒桌讲话，最忌借机挖苦和嘲笑的话。如果两人关系够好倒也没什么，但如果只是一般的朋友，甚至只是酒友，那就很容易激怒对方。

第三，无论对谁，都不要说“等我喝完这杯，再和你喝”。

这话本身并不算恶意，但其中的主次性，却是敏感的话题。对方好意给你敬酒，却被晾在一边，哪怕关系再好，心里也会不爽。聪明的方式是，大家一起干。

第四，不要说“这杯不算”。

很多时候，在进行“罚酒”的时候，当别人痛痛快快喝下“酒”后，有些人会嚷嚷“这杯不算”，希望能多灌对方几杯。这是非常让人反感的，明明约好的事，对方照做，你却要赖，很容易让人质疑你有哪句话是值得相信的。

第五，不要乱表心意：“等会儿我开车送你回去。”

有些心大的朋友，自己喝了酒还坚持开车，非要送别人回去，显得很热情。其实，这时候别人心里很尴尬，拒绝你吧，怕折了朋友面子，答应吧，又不安全。

另外，我们在向领导敬酒时，也忌讳搬出工作上的功绩说话。还有，给比自己身份、地位高的人敬酒时，一定不能妄自尊大，用一些“我代表公司……”之类的说辞。这种身份上有差别的酒局，我们一定要小心又小心，注意看清自己的位置。

而在工作性质的酒桌上，最好不要瞎谈工作，咸吃萝卜淡操心。万一领导本就不想谈工作的事情，我们这么一提，岂不是有越俎代庖之嫌?

最后，随着近年来一些盲目劝酒以致引发事故、酿成悲剧的事件时有发生，法律上已经规定，以下四种劝酒行为要承担法律责任：

一是强迫性劝酒，比如用“不喝不够朋友”等语言刺激对方喝酒，或在对方已喝醉、意识不清、没有自制力的情况下，仍劝其喝酒的行为。

二是明知对方不能喝酒仍劝其饮酒，比如明知对方身体状况，仍劝其饮酒诱发疾病等。

三是未将醉酒者安全护送，如饮酒者已失去或即将失去对自己的控制能力，神志不清无法支配自身行为时，酒友没有将其送至医院或安全送回家中。

四是酒后驾车未劝阻导致发生车祸等损害的。

一句话，喝酒本是为了高兴、快乐，为了拉近喝酒之人彼此的关系，如果因为我们言语不当，反而冒犯了对方，那就太不值得了。情商高的人懂得规避这些语言禁区，不该说的话就坚决不说。如果实在不懂，那么宁可说得俗气一点，也不要说错话。

7. 酒桌上的承诺别当真

喝酒的时候，老板明明说了涨工资，为什么过后就完全不提了？

酒桌上明明满口应承，说答应帮忙，为什么一转眼就说没这回事儿？

生活中，我们常常遇到这样的情况，酒桌上和人称兄道弟，结果等到酒醒的第二天，人家完全不认识你；喝酒的时候明明答应的事，酒醒后权当没发生。以至于很多人感慨，酒桌就是个走过场的地方，十分话要当作三分来听，酒桌上的承诺更不要听。

赵彦杰是一家金融公司的产品推销员，工作非常认真勤奋，什么事都愿意去做，深得经理的赏识。然而苦恼的是，他就是得不到晋升的机会。

有一次，他和经理一起喝酒，有意无意间提到这件事，经理当即拍胸脯保证说："你放心，你的情况我会向上边汇报的，好好干，过不了多久你就跟我一样的级别了。”一番话让赵彦杰欣喜若狂，连连向经理敬酒，末了还抢着买单。

然而，半年时间过去了，经理的承诺没有半声回音。赵彦杰就找机会问经理，经理这才尴尬地说道：“哎呀，当时可能喝太多，记错了。这事一直由总部负责，我们运营经理是无权过问的。”听到经理的话，赵彦杰才知道，对方之前不过是酒话连篇。

酒桌是一个比较特殊的地方，人们可以说话不负责任，有些人就喜欢在这里说一些客套的场面话。几杯小酒下肚，牛皮一个比一个吹得响。这个说“今后有事尽管说，兄弟我给你撑着”，那个说“遇事说啊，不说不把咱当朋友，哥儿几个互帮互助”。

然而，等到真正有事需要帮忙的时候，大多不是“啊，我有说过吗”“唔，那天可能喝得有点儿多，兄弟你别想多”。有了“喝多了”作为借口，绝大多数人都有了瞎说、乱说的底气，而且我们还真不能把对方怎么样，毕竟，酒桌上的话本来也没有法律效力。因此，酒桌上的承诺和好话，我们只可心领，不能当真，否则，失望的只是自己。

中国自古就有“酒文化”的说法，认为办公室解决不了的事情，酒桌上能够解决。但事实是，酒桌上从来解决不了任何问题，只是发泄情绪的地方，而不是做决策的地方。绝大部分生意还是在办公室、会议室内谈妥的，酒桌只是用来活跃气氛而已。

但在实际情况中，我们总免不了遇到这样的事，公司聚会上，领导高兴之下对我们做出承诺，朋友聚会时喝尽兴了说出“豪言壮语”，这个时候，我们是相信对方呢，还是不相信对方？不相信对方，是当场不给对方面子，容易破坏彼此关系。可是一旦相信，失望的是自己。面对这些挡不住、防不住的酒桌承诺，我们应该怎么应对？

第一，面带微笑，不做出明确的拒绝。

面对别人的承诺，哪怕对方是在“喝多了”“意识不够清醒”的状态下说出来的，也代表着对方的好意。不管对方在“酒醒”之后是否还会记得并实现这些承诺，但在他向我们做出承诺的一瞬间，我们要表现出足够的期待，以免冷淡的表现刺伤对方。

第二，真真假假，我们需要多一点的时间试探，保持平常心。

其实，虽然绝大多数的酒桌承诺都是瞎扯，但从生活中的实际例子来看，也有部分人通过酒桌上的承诺，收获了意料之外的回报。因此，并不是所有的酒桌承诺都是虚假的，其中也夹杂部分“真心话”，想要找出这些承诺并化为现实，需要一点儿技巧。

比如，领导昨夜才在酒桌上许诺，只要时机成熟，就提升你当经理。那么，你千万不能心急火燎地今天就跑过去“提醒”对方。要知道，领导有这么一说，至少说明他确实这么考虑过。你现在要做的就是给领导也给自己一些时间，将自己的能力证明给领导看，让他相信你能够当经理，然后再找机会提这件事，成功的机会就会大大增加。

在此期间，一定要保持平常心，不能对领导的承诺抱太大期望，要有一种“得之我幸失之我命”的态度，这并非不求上进，而是一种以退为进的小技巧。当然，那种因为别人酒桌上的一个承诺就眉飞色舞的人，是很难上得了台面的，自然是空欢喜一场。

不过，总的来说，多数酒桌承诺都充满了不确定性，它不像书面合同那样白纸黑字，一旦签订，大家都不能反悔。酒桌上的承诺，即使对方反悔，我们也很难追究他的责任。可以说，很多时候，酒桌上的话不但听的人不能信，连说的人自己都不希望别人信。因此，在大部分情况下，面对酒桌上的承诺和奉承，我们还是要保持清醒，不能轻信。

第四章

不让别人尴尬，也不让自己难堪

帮别人化解尴尬，而不是冷眼旁观

能捧场时就不要拆台

当别人自黑的时候，不要去附和

别人不想说的隐私，不要刨根问底

拒绝要有技巧，不要伤了对方的面子

不合时宜的玩笑，坚决不要开

别人的伤疤，不要揭

对方说错话，给个台阶下

1. 帮别人化解尴尬，而不是冷眼旁观

网上有人问："你见过的情商最高的行为是什么？"

网友回答道："在我看来，能够在重要场合帮助别人化解尴尬，这就是一种情商很高的行为。因为你在别人需要帮助的时候施以援手，必然会留给别人一个很好的印象。别人会从内心表示感谢，以后你有求于别人时，别人也会尽力给你提供帮助。"

的确如此，什么是情商高，就是既不让自己尴尬，也不让别人感到尴尬，让别人感觉跟你在一起，就像六月里喝了杯雪碧，透心凉，心飞扬，这便是情商满级了。生活中，我们和"尴尬"狭路相逢的时候太多了。但凡遭遇这种事儿，真心叫人难为情。

顾艺林是一名摄影师，有一次，她受某公司总监邀请，为对方的中层管理员工拍动态合影。这些员工里有很多外国人，沟通时需要说英语，但顾艺林的英文不是很好，其间说错一个单词，引得大家都笑了起来，虽然是很善意的笑，但她还是非常窘迫。

就在这个时候，一名男性经理很自然地走到前面，先是做了个搞怪的动作，然后说："大家看这里，1、2、3，茄子。"大家被他转移了注意力，嘻嘻哈哈地摆 pose。因为大家都关注他拍照把脸面向了他，没有人再关注顾艺林的尴尬，她也大大地松了口气。

与人交往，如果只让自己尴尬那还好说，毕竟自家人，苦点累点无所

谓，但如果让对方也感到尴尬，那可算是一次失败透顶的相处了。前不久，一位女明星主持一档综艺节目，因为其中的一些情节过于令人尴尬，很多观众怒而留言，要求节目组改进。

这就是非常典型的一个例子，与人相处，如果让别人感到尴尬，他就会感到不舒服，进而产生远离你、拒绝与你继续打交道的想法。同理可知，如果一个人能够帮助别人化解他们的尴尬，抑或是窘迫的处境，自然，人们也会很乐意和这个暖心的人交往。

尴尬往往会瞬间绝杀热烈的氛围，让人失去兴致，更有甚者，会让人逃离眼下环境，不再来往。正如那句，“与人方便，与己方便”。跟雪中送炭是一个道理，在关键时刻，帮助别人摆脱窘境，化解尴尬，是拉近双方距离、增进双方感情的有力助推器。

黄渤是公认的情商高，人称“行走的情商教科书”。他曾在北京电影学院举办的一个演讲节目《星空演讲》上，讲述过自己的一段亲身经历：

一个粉丝遇到他，和他搭讪，聊尽天南地北，末了，说一句：“我最喜欢你演的一个电影了，就是有刘德华、李冰冰的那个，啊，对了，是《天下无贼》。”

黄渤一下子蒙了，很明显，大家都懂的，那个粉丝错把他当成了王宝强。而且很尴尬的是，这个粉丝又对黄渤说了一句话：“你给我签个名呗。”

签“王宝强”还是“黄渤”？这的确是个颇有深度的难题。最后，黄渤还是大大方方地签上了“王宝强”的名字，并且很幽默地用王宝强的语气和粉丝道别。

其实，当粉丝认错人、表错情的时候，黄渤本身才是最尴尬的那个人。但他知道，如果他签上“黄渤”两个字，事情只会变得更糟，那个粉丝会很难为情，也许，他会因此在很长一段时间里被人嘲笑，又或是会有其他不舒服的感受。所以，他选择不揭穿。

不让别人感到尴尬，甚至帮他摆脱窘迫的处境，是在做一件很大的善事。换句话说，让别人觉得与你相处很舒服，你就能赢得别人的好感。然而，帮助别人化解尴尬，犹如在刀尖儿上跳舞，是一件颇有风险的事，稍不注意，就有可能适得其反，不但帮不了别人，反而有可能对对方造成二次伤害。具体来说，有哪些方法呢？

第一，转移大家的注意力，帮对方遮掩。

当别人陷入尴尬的时候，我们可以通过转移注意力的方式，将其他人的关注点从对方身上移开。比如，上文案例中顾艺林的遭遇就很好地诠释了这一点。那位男经理及时地勾起了大家对拍照的兴趣，成功消解了顾艺林的尴尬，这是一种很稳妥的办法。

第二，甘当“背锅侠”，替对方扛下导致窘迫的原因。

在一部都市爱情剧中，有这样一个桥段：在一次聚会中，女主角因为肠胃不好，不小心放了一个响屁，“震惊”所有人。正当大家追问是谁，女主角羞愧得不能自已的时候，男主角挺身而出，表示刚才那个屁是自己放的，女主因此得救。当然了，这种方法的代价比较大，需要一定勇气。如果对方与我们关系一般，倒也不必做到这种地步。

与人交往，最重要的就是将心比心，再没有什么方法比这更能获得对方的好感了。而帮助对方化解尴尬，本质上就是把“将心比心”付诸行动。一个情商高的人，不会坐视别人陷入窘境而冷眼旁观，这样做对他不但没有什么好处，反而容易引起对方的记恨。相反，如果施以援手，帮助对方化解尴尬，那么就能收获一颗感恩之心，以及一份人情。

2. 能捧场时就不要拆台

好朋友相互捧场，坏朋友互相拆台。所谓情商高，就是在对方需要帮助的时候，多给对方捧场，多送上自己的鼓励。为人处世，尤忌拆台，拆别人的台，让别人难堪，除了能获得一点心理上的快意，其他什么也得不到。但如果是捧场，往往能收获友谊。

张秋菊是一位热心的老人，有一次，她买菜回家，正好看到商场门口有演出。台上那个主持人好像是个新手，台下站了很多人，可没有一个愿意上台跟她互动表演。

主持人急得满头大汗，很是尴尬。张秋菊见状，走上去唱了一段。她开了个头，后面就有人上来了。等到后面气氛热了起来，张秋菊准备离开的时候，主办方连忙向她道谢，并执意送她一盒月饼。主持人对张秋菊说："很感谢，您刚才等于救了我一命。"

其实，张秋菊的想法很简单，就是觉得那个主持人年纪轻轻的，也就跟自己女儿差不多大，这么卖力地工作也不容易，需要她的鼓励，所以她就上去支持了一把。

张秋菊平时也是这么教育自己家的孩子的，她说："人哪，一辈子都会有需要别人帮助的时候，大家都不容易，要多捧场，少拆台，这样大家都好嘛。"

正如老人家所言，行走社会，讲究的是与人方便，多捧场，少拆台，你好我好全都好。然而，生活中很多人却缺乏这样的觉悟，比如看一场魔术表演，失败了就嘲讽，成功了就寻找对方的疑点和漏洞，仿佛这样做能显示出自己的明察秋毫、聪明绝顶。

殊不知，这样做不但显得自己很浅薄，没有素质，还容易得罪对方，平白为自己树立一个敌人。其实，我们给别人什么样的力量，对方也会还给我们什么样的力量。当别人需要帮助时，如果我们不但不帮助，反而拆对方的台，那么等到我们也陷入这样的境地时，别人也会学着我们之前的样子，拆我们的台。

一般情况下，我们对那些对我们有用的人感兴趣，而对另一些被我们视为无关的人很难友善。殊不知，我们可能已经在不知不觉中，失去了得到对方帮助的机会。

如果平时就乐于助人，那么，遇事自有人帮。要想遇事得到别人的帮助，就要在平时多多帮助别人，才能为自己留下人情。留人情就像向银行里存款，存得多，利息也多。别人欠自己的人情，在多年后，我们需要帮忙的时候，他们就会数倍还给我们。

正所谓“投之以桃，报之以李”。相互拆台，彼此都会损失利益，但是相互捧场，得到的却是彼此的友谊，大家都会受益。一个情商高的人，轻易不会拆别人的台，而是利用一切可以利用的机会为对方捧场，这样一来，就等于是为自己多开发了一条路。

当然，给对方捧场，并不是让我们低声下气，颠倒黑白，不顾一切地去讨好对方。如果明知道对方的行为是不对的，还给对方捧场，那就不应该了。比如，街头偶遇贩卖虚假产品的小贩，在明知道他是在欺骗消费者的前提下，我们应该端正自己的态度，义不容辞地揭穿他的真面目。所谓捧场，也是建立在基本的做人原则和基本道德之上的。

那么，怎样才是恰当的捧场方式呢？一次恰当的捧场，只需要我们略施援手即可，并不需要付出太多的关注。适当地施以援手，以表示我们的支持和鼓励，给予对方尊重。如果表现得太过，就容易让对方警惕，对方会觉得，我们也许是别有用心。

其实，所谓的捧场，就是向别人展示我们的态度，让对方知道我们对他的尊重，仅此而已，并不需要我们付出太多的精力。试想，一次鼓励，一个善意的眼神，一次举手之劳的帮助，就有可能帮助我们收获一段友谊，在别人心中留下良好形象，何乐而不为呢？一个情商高的人，就是懂得利用一切机会向别人表达善意，以求获得别人的好感。

3. 当别人自黑的时候，不要去附和

有网友说："最高的情商叫自有分寸。"比如，当别人在自嘲的时候，一个情商高的人是绝不会傻乎乎地去附和对方的。一个人笑，不代表他心情好，也可能是强颜欢笑。同样，一个人如果幽默自嘲，也不一定是把一切都看开了，或许他只是自嘲而已。

过完春节回来上班，同事们一见面就开始唠叨春节期间的各种糗事，易晓蝶捏了捏自己的脸，苦恼地道："过年什么都好，就是容易长胖，本宝宝胖了一圈儿。"

听她这么一说，要好的小姐妹们赶紧七嘴八舌地"反驳"她。

"没有啊，哪里长胖了，瞧这新发型，瞧这小脸蛋儿，明明就是一个美少女嘛。"

"对啊，你看啊，过年要串亲戚，运动量肯定大，你比之前还瘦了很多呢。"

"真正的美女永远都觉得自己胖啊，这是美女独有的自律，哪像我们哦。"

一个个虽然是在反驳，但那话里话外的意思，愣是把易晓蝶说得心花怒放，那点儿苦恼和自责，顷刻间就烟消云散了。岂料，一男同事不明状况，便附和道："你脸是圆了一点，过年在家肯定是天天大鱼大肉吧？不胖才怪。不过，放心啦，也不算很胖，这样其实挺好的，没听说吗？脸圆的女孩更

有福气啊……”

不等男同事说完，易晓蝶就气鼓鼓地说：“要你管？你才有福气！”

在日常生活中，自嘲更是一件刷好感的利器。比如，娱乐圈的许多明星，就通过自嘲的方式，不但成功扭转自己不太好的银幕形象，还因此收获一批路人粉。

从心理学上分析，自嘲是心理治愈的一种有效的方式，能化解尴尬，倾吐郁闷，轻松氛围。正因为如此，自嘲通常被认为是人格健全和心理健康的重要标志。

不过，从防御机制的角度看，“自嘲”是一种对自我不足的批判行为，但不同于“自轻自贱”的被动。自嘲是化被动为主动，把自己的缺点和不足暴露出来。通过这种方式，害怕被别人揭示出自身缺点的人，可以借此消除被他人揭短所引起的窘迫。

因此，在人际交往中，很多人之所以自嘲，其实是出于保护自己的目的。他们虽然看似勇敢地自曝缺点和不足，但实际上，他们更希望得到他人的鼓励和反驳，如果我们傻傻分不清，跟着对方说“没错”，很可能会给对方造成伤害，使对方更加难过。

一般而言，当一个人自嘲时，情商高的人往往会“反驳”对方，送上一句“哪有，你现在就已经很好了啊”“不要对自己太严格嘛，你其实已经很优秀了”……这些话看上去是在反驳对方，但如果我们能毫不犹豫地说出来，势必会让对方感动。

反之，如果我们附和说“你终于发现自己的缺点了”之类的话，轻则让想要轻松气氛的人尴尬，重则让那些心理上自卑或脆弱的人记恨我们，得不偿失。如果实在不会对自嘲的人表示鼓励，那不妨挖苦一下自己，再顺其自然地转到其他话题上。

用一句积极的鼓励回应别人的自嘲，不仅能把天聊活，更能温暖人心。一个情商高的人，往往在三言两语的闲聊中，就能建立谈话双方和谐的人际关系。

另外，自嘲有的时候还是一种自谦的表现。比如，在职场中我们经常遇到这样的人，他的工作完成得非常出色，但每当有人因此称赞他，夸赞他的功绩时，他总是说“哪里，都是我的运气比较好啦”。这个时候，情商高的人都能听出这是对方谦虚的说辞。试问，一项工作哪能单纯靠运气好就能做好的？至少他也付出过十分艰辛的劳动的。

有一次，刘玉民开了一个大单子，部门里所有人都向他表示祝贺，有人向他请教销售的秘诀，他连连苦笑，说这次都是运气好，他并没有什么过人的诀窍。

之后，很多新同事信以为真，以为他真就是凭运气好才开的单子，于是就说：“唉，我们怎么就没有刘玉民那样的好运气呢，哪怕只是来一张小单子也行啊。”

只有李笑然知道，刘玉民这话只是谦虚的说辞。他找到刘玉民，说：“刘哥，您就别谦虚了，您是真正的高手，哪里是靠运气成功的，还请您指点指点我呀。”

生活中，你永远不知道，当别人自嘲的时候，他是真傻还是假傻。人们常说，当你觉得别人傻的时候，很可能你自己才是真正的傻瓜。行走在成人的世界里，我们要时刻自带情商和智商。社交场合，守住嘴，少说、多看、多听，话拣好听的说，才是良策。

退一万步讲，哪怕对方的自嘲其实说的是事实，我们也不要太过“老实”。毕竟，自己骂自己那叫有自知之明，别人骂自己那叫受欺负，被人侮辱。不是每个人都有大胸襟、大气度的。也许我们本意是想指出对方的缺点，敦促其改过自新，但落在对方眼中，很可能就是一种恶意嘲笑。不管别人是真傻还是假傻，我们自己不要做那个傻瓜。

4. 别人不想说的隐私，不要刨根问底

一位网友在网上留言：

我和女友恋爱三年了，对彼此性格都很了解，感情也很稳定。但有的时候，可能是出于女孩子的通病，她总爱对我的事刨根问底，就像审犯人一样。可我觉得，每个人都有属于自己的隐私，即使是女友也不能说吧。但她不理解，总是想打破砂锅问到底，仿佛要把我整个人都解剖开来，对此，我感到很苦恼。

每个人都有自己的秘密和隐私是不愿与人分享，哪怕双方关系再好，我们也应该充分尊重这一点。与人聊天，如果对对方的隐私刨根问底，很容易惹恼对方。即使我们只是随便问问，没什么目的，往往也会让对方心存戒备、心生忌讳。

所谓个人隐私，就是只能装在自己心里的事情，只有自己才能知晓，是心灵最后的慰藉之所。隐私神圣而不可侵犯，哪怕彼此关系再好，也不可随意触碰。刨根问底式地追问，更是人际交往的大忌，没有人会喜欢别人揪着自己不想说的隐私不放。

有一次，刚参加工作的舒兰新被派到国外进修学习，在飞机上遇到一位美国女孩。女孩很热情，主动用普通话向舒兰新打招呼，舒兰新觉得，如果自己太过冷漠，可能会给国际友人留下很不好的感受，于是就用英语和对方交谈起来。

交谈中，舒兰新问了一个很隐私的问题："你今年多大了？"听到这个问题，那个美国女孩开始搪塞了："你猜猜看。"舒兰新没有意识到对

方的弦外之音，又问道："到了这个年龄，你一定结婚了吧？"女孩开始沉默了，舒兰新依然没意识到，还在追问："你家里有几口人啊？"这一回，女孩彻底将头扭向一边，再也不搭理她了。

其实，别人愿意和你讲的，自然会讲；别人不愿意讲的，千万别傻傻地问个不休，要懂得什么样的关系谈什么样的话题。做人要懂得察言观色，更要尊重别人的意愿。换位思考一下，谁还没有个不能说出口、只有自己才能知道的隐私呢？尊重他人意愿，对他人不想说的隐私闭口不问，是对跟你关系好的人的尊重，更是你高情商和高素质的体现。

什么事情都想问得明明白白，追根究底弄清楚自己想知道的事情，这样的人是最让人厌烦的。即使你没有别的意思，人家也会觉得你别有所图。对于这样的人，别人只要和他交往过一次，都会对他敬而远之。因此，打听别人的信息一定要适可而止。

此外，做人也不要大嘴巴，大嘴巴的人靠不住，没人希望自己身边有这样的人。绝对不能对喜欢到处充当喇叭和传声筒的人多说什么，更不能随便或轻易泄露自己的隐私。就算关系再好的人，如果对方跟你分享了自己的隐私和秘密，并且希望你不要到处声张，那你一定要有保守隐私和秘密的觉悟，要对得起这份信任。

生活中，我们难免会因为各种"意外"，而得知别人的隐私，这对我们的人际交往来说，实际上是一颗定时炸弹，不定什么时候，当对方的隐私被曝光，我们就有可能成为"嫌疑分子"。因此，我们不但要避免对别人的隐私刨根问底，更要在知道对方的隐私后处理好这些隐私。具体来说，我们可以采用以下几种方法：

第一，主动规避，与人聊天，不谈隐私话题。

人们常说，解决问题要从源头下手。我们与人聊天时，最好不要涉及有关对方私人的敏感话题。比如，"你结婚了没？""你老公对你好吗？""你老婆以前有几个前任啊？”这类一看就是极度私密的问题，一旦问到，必会引发对方的尴尬和不快。

况且，就算对方告知你这些隐私，也不代表是好事。万一有朝一日，对方在这些问题上出了事情，很可能就会找上你，不管结果如何，这都是一件麻烦事。因此，最好的选择就是不去打听对方的隐私，不越界，让彼此的交流停留在安全范围之内。

第二，当别人不小心说漏嘴，我们要学会“听不到”。

每个人都有疏忽的时候，与人聊天，当别人一不小心说出了自己的隐私，这个时候，情商高的人往往会装傻充愣，表示自己没听到，也听不懂。有的人遇到这样的情况，反而一脸期待，傻乎乎地希望挖掘出对方更多的隐私，实是极为不智的行为。

第三，时刻注意自己的言行，不做“大嘴巴”，不“嚼舌根儿”。

当然，如果实在不可避免地知道了一些人的隐私，那么，我们最好的做法就是约束好自己，不与人嚼舌根儿，不谈论其他人的八卦，也不对别人做任何负面评价，尽量在公众面前塑造出一个“秘密守护者”的良好形象，让其他人对我们放心，即使隐私被我们知道，也绝不会再从我们口中流出。这样一来，别人才会信任我们。

一句话，一个人的隐私，最容不得他人冒犯和窥探。与人交往，想要收获对方真正的信任，我们就要对其隐私保持基本的尊重，做到不窥探、不传播、不调侃。纵然对方一时不察说漏了嘴，或有意无意地泄露和提及，我们也应该尽力回避。一个情商高的人，在与人交往时懂得与对方保持适当的距离，并竭尽全力地保护对方的隐私。

5. 拒绝要有技巧，不要伤了对方的面子

不管在什么时候，拒绝都是一件难为情的事，拒绝的人不好意思，被拒绝的人则感到自己受到了伤害。人际交往中，拒绝往往是恶化彼此关系的元凶之一。

而且，一个人在提出自己的意见或请求，却遭到否定和拒绝的时候，他的自尊心会受到损害，会觉得面子上挂不住，进而心生怒火，采取手段反抗，使事态渐趋激烈。因此，在拒绝他人的时候，一定要讲究方法和技巧，万万不可伤了对方的面子。

胡双燕性子柔弱，不懂得拒绝人，平时大家有事都会找她帮忙，找的人多了，她就开始吃不消了。这天临近下班的时候，同事何琇琼再次麻烦她帮忙善后。

胡双燕虽然很不情愿，但还是答应了对方。好朋友赵丽娟看到，就嗔怪道："你这个傻瓜，那家伙天天让你帮她善后，完全是把你当作她的私人秘书了。这叫什么事儿，你要不愿意做，就直接告诉她呀，闷着不吭声怎么行，别人可不会理解你。"

胡双燕为难地答道："我也想拒绝啊，可是……你知道的，她这个人自尊心很强，我怕拒绝会落了她的面子，都是同事，如果关系真闹僵了，对我也不好。"

赵丽娟想了一会儿，笑道："这样吧，这件事情就包在我身上了，保证让她以后不再找你，还不会生气。"

到了第二天，临近下班的时候，何琇琼像往常一样找上胡双燕，然而，还没等她把话说出口，就有人打电话约见胡双燕。然后，胡双燕就收拾东西离开了。接下来，一连五天都是如此，慢慢地，何琇琼也明白其中的含义了，再也不麻烦胡双燕了。

人人都爱惜自己的面子，“面子”是人际交往的“雷区”，让别人丢面子的错误最好不犯。如果你因一时口舌之快，让别人丢了面子，就会影响彼此之间的感情。

乐于帮助别人，本来是一种高尚的品质。但如果自己确有难处，又或者答应别人的要求会让自己的利益损失很大，那么我们就应该拒绝别人。但是，拒绝别人也要考虑对方的面子，尽量做到既不伤害双方，又达到拒绝的目的，才是最佳的方案。

太过刚直的拒绝，很容易刺伤对方。如果因为一次拒绝，而让对方丢了面子，对我们的人际交往是很不利的。毕竟，大家都是一个关系网里的人，抬头不见低头见，相互之间的交集也不会因为这一次的拒绝就彻底告吹。这次将对方得罪了，万一等将来我们自己需要对方帮助的时候，又该怎么办呢？与其如此，不如现在就保持良好的关系。

一个情商高的人，永远不会轻易得罪人。学会有技巧地拒绝对方，在对方说“不”的同时保留对方的面子，使对方免受伤害和尴尬，是人际交往必须掌握的重要能力之一。那么在实际情况中，我们具体应该怎么拒绝呢？不妨参考以下几种方法：

第一，学会用“幽默”来拒绝人。

著名作家钱钟书先生，他在婉转拒绝别人时常常妙语连珠。有一次，有人送给他一笔高额酬金，他莞尔一笑：“我都姓了一辈子‘钱’了，难道还迷信钱吗？”

巧用幽默，对方即使知道你是在拒绝他，也会会心一笑。因为他的面子得以保全，哪怕旁人知晓了这件事，也不会对他产生任何负面的看法，可谓高明。

第二，多用“但是……”，让对方有台阶下。

想要拒绝别人，又不使对方心生怨气，就要表现出足够的苦衷，让对方明白：你也看到了，“不是我军无能，实是敌人太强”，拒绝你是没办法的事。这样，对方即使心中不满，也不会因此记恨于心。所以，要多用“但是……”展现我们的苦衷。

第三，拒绝的话不要脱口而出。

拒绝别人的时候，首先要感谢对方在需要帮助时可以想到我们，绝不能将拒绝的话脱口而出。比如有一次，同事找郭杏芳帮忙，她想都没想就爆出一句“不行”，同事当即变了脸色，之后逢人就说郭杏芳的不是，找她帮忙不帮就算了，还蛮横无理。

拒绝的话说得太快，会让人觉得你冷漠无情，而且会对别人造成“成吨”的暴击。拒绝前先思考一下，哪怕只是装样子，也能让对方好受些，知道你的为难。

总之，拒绝是把双刃剑，一味地接受而不拒绝，容易伤到自己，可随随便便地拒绝，又会刺伤别人，损害我们的人际关系。因此，学会有技巧地拒绝别人，在拒绝的同时保护好对方的面子，我们就会赢得别人的好感，这也是情商高的人必备的技能。

6. 不合时宜的玩笑，坚决不要开

有网友在网上晒出自己的一次经历：

几个月前，与客户谈订单的事宜，对方可能是打字打快了，将“你们领导表态了吗”打成“你们领导变态了吗”，当时觉得这挺喜感的，就随手给客户名字打上马赛克，发到了朋友圈，还配上了文字：这就是打字手抖的后果。原本只是想逗个乐子，哪知道，没过两天就收到来自公司几乎所有高层的谈话“邀请”，现已被上司关进了“小黑屋”，怎么办?

朋友、同事之间互开玩笑，本来是拉近彼此关系的一种方式，通过玩笑中轻松的、诙谐的语言和夸张的动作，使大家都感到开心，是活跃气氛的最有力武器。

然而，玩笑本身又带有一定的负面性。绝大部分玩笑是对某人的某个特点加以发挥，进而延伸出引人发笑的“笑点”，而这个延伸的过程，或多或少含有“攻击性”。有的人不在乎这些，但有的人不能接受。因此，不分时间和场合地开玩笑，往往弊大于利，不仅无法达到逗乐的效果，还有可能受到别人的讪笑，甚至引起别人的反感。

举个例子，当你出席一位朋友的葬礼时，如果用调侃的语气说：“兄弟，平日里你就爱睡觉，这次爽了，可以让你睡个够了，真是羡慕死兄弟我了，哈哈哈……”虽然只是个冷笑话，但是周围的人还是会感到气愤：“这个人怎么如此没礼貌？大家都这样伤心，他却在这里嬉皮笑脸。”可见，平时无伤大雅的话，在这种场合就不合适说了。

总之，不合时宜的玩笑，对我们的人际交往只有坏处，没有好处，既不能体现我们的幽默和教养，更无法拉拢我们与别人的距离。一个情商高的人，在与人交往时，总是会格外小心，规避掉这些“黑色”玩笑。那么，具体有哪些玩笑开不得呢？

第一，涉及种族歧视，以及针对残疾人的笑话，不管什么场合都不要说。

拿别人的生理缺陷开玩笑，这是把自己的快乐建立在别人的痛苦之上。这样的人是令人厌恶的，没有人会喜欢与这样的人交朋友。而涉及种族歧视的玩笑，则上升到了民族团结的层次，严重的甚至可视为违法乱纪，不管在什么场合，都不要乱说。

第二，讽刺性的幽默，即使再幽默也是伤人的。

很多人喜欢用讽刺性的语气开玩笑，比如现在网上流行的“哟，你个小学生啊，游戏玩得这么棒呢，工地上的砖搬了吗”，虽然也能在一定程度上活跃气氛，但稍不留意就会冒犯别人，被说的人很可能以为你是在拿他寻开心，保不齐就会记恨你。

第三，不要搞恶作剧，它不是玩笑，是伤害。

当下，网上有一种名叫“快手”的流行文化，会通过搞恶作剧的方式，拍一些非常搞笑的视频。但是，在实际生活中，恶作剧很容易导致意外，而且恶作剧过于“非主流”，不是每个人都愿意接受的。把恶作剧当玩笑，是一种不负责任的低级趣味。

比如，一对小夫妻，本来非常恩爱，但一位同事开玩笑，在情人节给那位妻子发了一条暧昧的短信，不巧的是被丈夫看见了，两人由此发生情变，直至离婚。不管导致这对夫妻最终离婚的原因是什么，这位同事的行为都是非常恶劣的，为人所不齿。

第四，不可用玩笑来蔑视别人的职业。

玩笑不应含有蔑视别人职业的成分在。如果你拿来开玩笑的职业和对方的职业无关的话，那倒还不要紧。例如，你在一个推销员面前开糖果业商人的玩笑。可是如果你开玩笑的职业正是对方的职业，那就不高尚了。一般人虽未必对自己的职业不满，可是和人谈到自己的职业时，总是要客气一些，以表示自己的职业不如对方。

第五，不要挖苦对方的容貌。

每个人都会在意自己的长相，没人愿意从别人口中听到自己长得丑的评价。因此，与人开玩笑，千万不要拿对方的容貌来做文章，一不小心，就会刺伤对方。

最后，我们一定要明白一件事：言语是把双刃剑，任何时候都是，当我们挥舞这把剑在社交场合开疆扩土时，也不能忘了防备它的锋利，万不可麻痹大意，伤了自己。开不合时宜的玩笑，看上去是伤害了别人，实际上却是让我们自己失去一个朋友，留下了一个不好的形象。一个情商高的人，不管任何时候，都会格外注意自己的言辞。

7. 别人的伤疤，不要揭

俗话说："矮子面前莫说短话。"别人有生理上的缺陷，或者家庭的不幸，又或者有事业上的遗憾、情感上的创伤，本来心里已经够痛苦的了，如果我们还去揭穿这层伤疤，就会让对方再度陷入痛苦中，连带着也会记恨我们，这是人际交往的大忌。

所谓情商高，就是在与人交往时，懂得避开对方的伤口，避免"哪壶不开提哪壶"，只有这样，彼此的相处才会相安无事，别人才会真正对我们产生信任。

美国石油大王约翰·戴维森·洛克菲勒，曾有一位朋友名叫贝特福特，此人既是洛克菲勒的合作者，也是他的下属。

有一次，洛克菲勒让他独自负责一桩南美的生意，不幸的是他全搞砸了。在之后的公司董事会上，贝特福特甚至已经做好了思想准备，等着洛克菲勒的批评。

然而，预想中的严厉斥责并未到来，洛克菲勒温和地道："首先，我肯定你在南美确实做了一件不成功的事情。但大家知道你已经尽力了，虽然这次失败了，但我相信在这件事情上没有人会比你做得更好，而且，我们也已计划让你重整旗鼓了。"

一番话说得贝特福特倍感温暖，一扫先前的抑郁。他心想，既然洛克菲勒在董事会上没有让他难堪，为了回报这份恩情，他也一定要努力将这桩生意谈成。

揭别人伤疤这种行为，是最伤人、最低级的打趣方式。既然被称为伤疤，那就必然有着让人痛苦的力量，如果刻意揭起这道伤疤，使对方重新体验这种痛苦，在对方看来，这就是一种恶意的攻击，并且还是从精神层面上发起的攻击。为了自保，对方也会采取同样的方式报复。如此一来，哪怕彼此曾是要好的朋友，也会很快疏远。

在这世上，很少有人能彻底忘掉别人对他的侮辱，而像遗憾之事、缺点、隐私，或者使人感到难堪的经历等，则是每个人都有的。因此，在与人相处的时候，情商高的人通常不会当着别人的面重提这些事情，以免使对方感到不痛快。

很多人可能会说："他明明就是这个样子的，为什么不让别人说呢?虚伪。"诚然，我们说的可能是事实，对方的确存在这样、那样的不好。可换位思考一下，如果是别人这样开诚布公地说我们自己的伤心事，在我们伤口上撒盐，我们又会怎么想呢?

面子是相互给的，尊重是彼此的。我们不喜欢别人揭我们的伤疤，那么同样的道理，我们也应该管好自己的嘴，不要去揭别人的伤疤。不过，在实际生活中，我们往往会遇到这样的情况：聚会上，本意是想通过拉家常活跃气氛，可由于心直口快，加上不了解对方的忌讳，以至于不小心揭到了别人的伤疤。面对这种情况，我们又该怎么办呢?

第一，谨言慎行，避开禁忌话题。

为了防止出现这样的尴尬，我们在说话之前就要注意甄选话题。比如，在同事、朋友之间的聚会上，我们最好不要聊感情史这一类的话题。毕竟，到了这个岁数的人，谁没有过两三段失败的情感经历?以这个作为话题，最容易触碰到别人的伤感处。

第二，关于对方的劣势，能不提就不提。

对于绝大部分人来说，他们自身并不完美，有着各种各样的劣势。有的人长得高，但五官不太好看；有的人眉清目秀，但身高严重不够；还有的人家境贫寒，一言一行都与城市里的同龄人有着差距……关于对方的劣势，我们最好是能避就避，没事不要瞎提。一旦提起，很容易戳中对方的伤心处，提得多了，对方还会以为我们是在嘲笑他。

比如一个女孩在微信朋友圈发了一张自拍，结果闺蜜在下面留言："虽然你很丑，你啥都没有，但你永远是我最好的姐妹，我永远不会嫌弃你。"虽然闺蜜的本意是在抒发自己对好友的爱，但落到女孩眼中，就会觉得对方这是有意在众人面前说她丑。

第三，绝对不拿对方的生理缺陷说事儿。

当下，有很多人喜欢拿别人身体上的缺陷或不足之处来开玩笑，逗乐子。什么"胸不平何以平天下""太平公主""飞机场""肌肉女"……别看这些话在网上大行其道，但如果我们真的对一位平胸的女孩说这样的话，对方肯定会火冒三丈。

我们要知道的是，很多时候，那些肆无忌惮地说出这些"歧视性"词汇的人，往往没有这方面的痛处。比如很多张口闭口"太平公主"的人，要么是男的，要么自己本身发育良好，身材倍儿棒，所以他们才不在意。可对于那些真正的"平胸女孩"来说，这些词语无不刺痛着她们的心，如果有人在她们面前说这些话，必然会惹怒她们。

总而言之，拿别人的痛处开玩笑是极不成熟的做法，甚至可以说这已经不是玩笑，而是取笑。不要以为你很熟悉对方，就随意揭人伤疤。也许你只是想要一个感性的答案，但这会让别人痛苦很久，是对对方人格、尊严的伤害，违背了开玩笑的初衷。

谁也不愿意一见面就被人提起自己不愉快的事，与人交往，"尊重"为先，不揭别人的短处和伤疤，不让对方感到难堪、难过，这才是情商高的待人之道。

8. 对方说错话，给个台阶下

2015 年，在武汉 717 路公交车上，一位女乘客发现自己的 2700 元钱不见了。司机先大喊让捡到钱的乘客还回来，可没人响应。他灵机一动，熄灭车厢内的灯，再次让捡到钱的人把钱放回去，2 分钟后钱真的回来了。司机说，有时候人做错了，需要给他个台阶。

的确如此，当别人不小心犯错，比如说错了话、做错了事的时候，最好能收起我们咄咄逼人的架势，给人一个台阶下，这样既能避免对方尴尬，也能缓解彼此的关系。

与人交往，我们经常会遇到这样的情况，但很多人却做不到如此大度，往往是抓住对方的一个口误，或者一个小错误，就死不放手，一味地调笑。更有甚者，当事情过去很久，仍然会时不时地将其拿出来说道，借以打击、嘲讽对方，或是开玩笑。殊不知，这样做不但会激怒当事人，还会引来旁人的不齿。毕竟，没人愿意和一个刻薄的人相处。

有道是“人有失手，马有失蹄”。谁没有个不小心的时候，念错了字，讲了外行话，记错了别人的姓名，等等，这是常有的事。只要无关大局，我们就不必张扬。故意搞得尽人皆知，使对方的小过失暴露在公众眼前，只会让对方难堪，进而对我们产生恨意。

当然，抱着讥讽的态度，怀着“这回可抓住笑柄啦”这样的心思来个小题大做，拿人家的失误在众人面前取乐，那更是大大的不应该了。我们一旦这样做了，不但会激起当事人对我们的反感和报复，就连旁边的人也会因此对我们产生戒心，避而远之。

2011 年，北京大学校长周其凤出席“北大叶氏校友等额配比基金成立仪式”，主持人介绍到场嘉宾，轮到介绍周其凤校长时，主持人一时口误，竟然说成了：“让我们有请北京大学校长俞敏洪致辞。”台下一片笑声，主持人顿时十分尴尬地看着周其凤。

周其凤面不改色地走到自己的学生面前说：“马有失蹄，人有口误，这很正常，我现在就时时提醒自己，别一开口介绍自己说是吉林大学校长，当年我任吉林大学校长时，就曾开口说自己是北大校长。”

台下又是一阵笑，尴尬就此化解。

很多人以为，当别人犯错时，我们直截了当地帮对方指出来，并要求对方改正是为了对方好，至少，这种行为不算错。但事实上，绝大多数这样做的人，最后换来的都不是对方的感激，周围的人也并不认同这样的做法。这就是人的共性在作怪了：绝大多数人都是有“共情”心理的，一个处处为难他人的人，相信没有谁会愿意与之相处。

给处在尴尬中的人一个台阶下，既能显示出我们的幽默，也能帮助对方脱离尴尬的境地。这种机智的做法往往会得到受帮助的人万分感激。一个情商高的人，往往能展现出良好的修养以及帮助身边的人变得更好的态度，这也是他们人缘好的原因。

生活中的绝大多数人，都很看重自己的面子，甚至认为面子就是尊严和自尊。因此，在对方尴尬的时候，表现得知趣一些，适当为对方铺一个台阶，避免对方的窘境，有时候反而是给自己留一条退路。那么，在具体交往中，我们可以怎么做呢?

妻子过生日，丈夫特地找了家装修浪漫、温馨的餐厅共进烛光晚餐。

趁妻子不注意，丈夫悄悄点了一道她最喜欢的“蚂蚁上树”，却没想到竟弄巧成拙。因为服务员端上菜时，妻子看到一整盘菜里尽是些粉丝，没有什么肉末。

妻子是个嘴巴不饶人的人，立刻发作了，就问服务员：“这道菜叫啥？”

服务员不知就里，回答道：“蚂蚁上树。”

这下妻子算是揪住了小辫子，嚷嚷道：“那你们的蚂蚁上树，我怎么只看见了‘树’，却不见‘蚂蚁’呢？”

服务员的脸涨得通红，站在那里不知道说什么好。丈夫见状，心想，今天图的就是一个高兴，现在弄得人家服务员下不来台，对大家都不好。于是赶紧打圆场道：“人家‘蚂蚁’可能太累了，还没爬上树。服务员，麻烦你通知一下厨房，看能不能为我们换一盘爬得快的‘蚂蚁’来，时间就是生命啊，急死我了都。”

妻子“扑哧”一声笑了出来，服务员如释重负，不久后，就给他们换上了一盘地地道道的“蚂蚁上树”。

给人台阶，考验着一个人说话的艺术和为人处世的能力。如果话说得太僵硬，即使是为对方着想，也很容易使场面尴尬，从而惹怒对方，好心得不到好报。利用幽默的方式转移话题，不但能展示自己的大度，更能体现个人能力，成功地化干戈为玉帛。

总而言之，该收起我们的咄咄逼人。情商高的人，总是抓准时机，为他人铺一个台阶，所以他们往往很受欢迎，因为人们知道，与他们相处会很舒心。当然，如果我们实在不愿意为他人“铺台阶”，那么，至少也不能在对方尴尬的时候落井下石。

第五章

为人处世，有一种智慧叫难得糊涂

偶尔出点无伤大雅的丑，更讨人喜欢

不因为看不惯某些人，就老死不相往来

用有趣的方式自嘲，成为自己的高端黑

意见不合，求同存异，不过分争辩

装认输，把无谓的胜利让给对方

得意时，心张扬而神不张扬

你的雄心不必让所有人知道

1. 偶尔出点无伤大雅的丑，更讨人喜欢

将自己最完美的一面展示于众，素来是每个人的心愿。但是，生活中本就没有十全十美的人与事，有时候刻意遮掩自己的不足，反而会适得其反。与其这样，倒不如大方地坦率“露丑”，这样的真实表现，不仅不会让人嘲笑，还会为我们赢得好的人缘。

有位政治家以“洁身自好、完美无瑕”的舆论评价而闻名，他不仅在民众中享有良好的声誉，同时也引起了新闻界的好奇心。

这天，一位记者扛着摄像机、带着笔记本去拜访他，目的是想挖掘出有关他的一些鲜为人知的丑闻资料。面对这位“有备而来”的客人，政治家简单寒暄之后，随意地说:“能够拥有这样惬意的时光，我们可以慢慢谈。”同时吩咐用人去煮咖啡。

过了片刻，用人将咖啡端上桌来，政治家端起咖啡喝了一口，立即紧张地大嚷道：“哎哟！好烫！”接着“砰”的一声，咖啡杯滚落在地。待用人收拾好后，政治家又手忙脚乱地把一支香烟插入嘴中，刚要点火，这时记者赶忙提醒道：“您把香烟拿反了。”政治家一听，立感大窘，又慌忙将香烟拿正，不料却一个不小心将烟灰缸碰翻了。

平时风度翩翩的政治家出了一连串“洋相”，使记者大感意外。而在这个过程中，他前来时持有的那种“挑刺儿”的情绪，也在不知不觉中消失了，还对对方产生了亲近感。于是，两人开始了一场亲切而愉快的谈话。

与人交往，要使别人对我们放松警惕，就需要主动暴露一些无关痛痒的缺点，以向对方表明：我并不是“完人”，我和你一样。这样一来，别人在与我们交往时，也会和善一些。

不过，主动露丑是一门艺术，既要做到不动声色，还要懂得把握分寸。有些“丑”可以露，能增加我们的亲近感，但有些“丑”，一旦露出来，只会弄巧成拙，让别人更加疏远我们。因此，向别人“露丑”时，我们一定要做到以下几点，以免过火：

第一，异性面前，“露丑”不能太猥琐。

与异性交往，我们必须守住起码的底线，给予对方必要的尊重。比如，与几个女孩在一起时，可以装作自己很土，或者天真、单纯，但绝不能做一些猥琐的动作，以免给对方带来困扰，徒增尴尬。不管如何，让气氛冷场的“露丑”，肯定是负面的。

第二，涉及原则性问题，不能“恶搞”。

原则性问题，往往关乎我们在别人眼中的基本形象，也是做人的底线，不能随意恶搞、开玩笑。比如，在需要调侃自己的长相时，我们可以说“哎，娘胎里不努力，结果现在长歪了”，但我们不能说“哎，没办法，只怪爸妈长得丑”。用前者的说法，会让人觉得我们幽默、风趣，而后者的说辞，却会让人觉得我们不孝，不敬父母。

第三，“露丑”，切不可一而再再而三。

凡事都要适可而止，过犹不及，“露丑”也一样。说到底，这毕竟是一种“丑态”，用得恰到好处，会让人会心一笑。但如果一而再再而三地这样做，就会显得刻意，让人觉得我们虚伪。甚至还会让人误以为，我们真是个傻子，这就得不偿失了。

总之，人无完人，过于完美，令人疏离，偶尔出点儿丑，反而更让人觉得亲近。一个情商高的人，懂得巧妙利用自身的瑕疵。不管怎么说，只要不是刻意遮掩，相信这种坦率的举动，不仅不会让我们颜面无光，反而会让我们收获大家的好感与友情。

2. 不因为看不惯某些人，就老死不相往来

一位女孩儿在网上留言：好痛苦啊，身边的同事都很讨厌，没气质，说话粗俗，乱开玩笑，我一点儿都不想跟他们来往。可每天都在一个办公室，大家低头不见抬头见，很多事都避不开。好烦，我该怎么办呢，要不要辞职，换一家新的公司？

每个人都会遇到几个不喜欢或看不惯的人，看不惯他们的啰唆，看不惯他们在背后说闲话，看不惯他们长得不符合自己的审美……怎么办？

有人说，遇到这样的人，老死不相往来就好，不跟他们来往就不会烦心。但现实生活的舞台上，往往由不得我们，有些人是避无可避的，如果一味拒绝他们的存在，只会使我们自己更加苦闷心烦，并且不利于我们人际关系和自身事业的发展。

最近，一个让李洋非常反感的同事升职了，成为他的副经理，以协助他进行日常管理工作。这让李洋无比生气，因为在工作过程中，这位同事总会“挑刺儿”，找李洋的各种毛病和瑕疵。最气人的是，李洋的工作一旦出了差错，她就会到处宣扬。

李洋忍无可忍，在与领导交涉无果后，愤然辞职，她心想，这种人不跟他们来往就是了，看着闹心。结果，好不容易爬到管理层的她，只得重

新找工作。

几乎每个办公室里，都有那么几个令人讨厌的同事，许多人在爆发了无数次“受够了”的呼喊后，选择辞职或调换部门。以为这样，就能永远逃离这些人。

但谁又能保证，换了新地方，不会遇到更令人讨厌的人呢？知“难”而退，选择逃避这些人，这是一种消极的处理方式，只会让自己放弃本来已经做得很好的工作，得不偿失。而且，因为讨厌某人就贸然换工作，或想着驱逐对方，未免小题大做。

与其这样，不如学着接受。换个角度，也许我们讨厌的人身上，也有值得我们学习的优点。认识这些优点并主动与之接触，说不定会给我们带来意外之喜。

最近，吕海龙所在的部门，经理的位置空了出来，由于平日表现良好，吕海龙有很大希望成为新任经理。不过，在这之前，他还必须打败十几名竞争对手。

激烈竞争下，对手们开始寻找对方的把柄，来为自己增添砝码。很不幸，吕海龙就中招了,公司里慢慢传着他以前犯下的一个小错,这让他变得非常被动。

吕海龙很愤怒，但他按住情绪，没有急着跟人撕破脸皮，而是在私下里请对方吃饭，极力拉拢彼此关系，同时在公司里努力树立正面形象，让大家亲近他。

最终，那个揭露吕海龙过错的人，眼见自己没有机会了，就转而支持吕海龙，认为他这人够意思。于是，就这样，吕海龙一步步领先其他人，当上了经理。

很多时候，彼此看不惯很正常，谁都有自己的喜好和风格，不可能让所有人都喜欢。但彼此没有什么深仇大恨，没必要挑起冲突。如果仅仅因为不喜欢，或看不惯，就老死不相往来，这是十分短视的做法。换一个角度看问题，换一种手段办事，不仅能与对方化干戈为玉帛，也许还能结为至交，从此多一个盟友，也多一条新的发展之路。

当然，如果对方的所作所为真的与我们的利益发生了冲突，我们也要审时度势，学会适当防范，切不能一味容忍。那么，具体来说，如何与这些人相处？

第一，面对“笑面虎”，要维持表面关系。

职场里，不乏这样的同事，表面上跟你好得不得了，背地里花招无数。对这种笑里藏刀的人，如果直接跟他们挑明关系，很容易使自己陷入不利的局面，为对方所陷害。最好在表面上跟他们维持友好关系，暗地里提高戒备，让他无从下手。

第二，面对挑拨离间者，与其保持距离。

对于爱挑拨离间的人，如非必要，应跟他们保持距离，以免被他们抓住“马脚”。

第三，唯利是图者，看不惯也以利待之。

对于唯利是图的人，最好是以利待之，真需要他们额外帮忙时，不妨提出双边交易，这次你帮我，下次我帮你。这种交易清楚明白，往往更被他们认同。

第四，面对“事儿精”，公事公办就够了。

有的人，喜欢将局面搞成一团乱麻，原本一件清楚明白的事，经过他们“胡搅蛮缠”之后，乱成一团。这种人在职场里很常见，也很令人讨厌。面对他们，我们就要公事公办，保持低姿态，维持好风度，以公司流程为准，这样才能避免落下口实。

第五，面对消极抱怨者，以正能量还击。

爱抱怨的人，总是将自己的垃圾倒给别人，最后自己舒坦了，听的那个人却成了他的垃圾桶。与这些人相处，老死不相往来肯定是不现实的，我们要做的就是，对那些消极负面的东西，只听不记，而后以正能量的东西“反击”对方。如果运气好，能使对方从此不再向我们抱怨，即使运气不好，也可以让我们自己免受负面信息的“屠戮”。

当然，鉴于消极抱怨的危害性巨大，我们在与这些人交往时，能劝诫对方改变那是最好，如果不能，且屡教不改，这个时候，我们就要远离这些人了。

一句话，冤家宜解不宜结，多个朋友总比多个“敌人”好。既然不可能完全避开这些“看不惯的人”，那不妨先端正自己的态度，不要小气，至少表面工作要做到位，别傻乎乎把内心里的厌恶放到脸上。一个情商高的人，懂得维持和谐的人际关系。

3. 用有趣的方式自嘲，成为自己的高端黑

自黑，如今已成为社交环境中的一种“多功能武器”，进可攻，退可守。一个情商高的人，通常擅长用有趣的方式自嘲，避免尴尬。

在 2013 年的白宫记者年会晚宴上，奥巴马就漂亮地自黑了一把，为自己赢得了满堂喝彩，甚至解决了一场政治危机。

当时，奥巴马正身陷危机，连任的蜜月光环消失，斯诺登窃听门，出兵叙利亚遭挫，就连他寄予厚望、视为自己最大政治遗产的医保改革，也是一团糟。这一连串打击，使他的总统生涯走到了最低谷。

他说：“通常在晚宴开场，我都会讲几个自黑的段子，不过鉴于我2013年的表现如此‘精彩亮眼’，有什么能拿来自黑的呢？”有趣的开场白，引来全场捧腹大笑。

然后，他又继续说：“我得承认，过去一年糟透了，妈呀。在某个时刻事情变得如此糟糕，以至于有47%的人致电向罗姆尼道歉。”罗姆尼是他2012年的竞选对手。

他甚至自曝：“有人说，由于我的支持率很糟糕，我的民主党伙伴不愿意我和他们一起竞选，尽管我并不认为这是真的，但我的确注意到，前几天，我女儿萨莎在挑选职业规划日发言人的时候，她选择了比尔·克林顿。”

在他诙谐风趣的演讲下，人们渐渐理解了他的各种苦衷，反对他的浪潮也得到了一定的缓解。不得不说，他的这番自黑，远比长达几十页的报告更具威力。

根据实际情况，巧妙、及时地调侃自己，不但可以让我们放松压力，转移别人的视线，帮助我们摆脱困境，争取有利局势，还会提高别人对我们的好感。

许多人面对尴尬的场面时，不是面红耳赤地逃掉，就是无助地落泪，既丢面子，也不够潇洒。其实，只要机智幽默一点，善于自我调侃，就能在情急时刻化险为夷。

用幽默去调侃自己的缺陷和不足，缺陷和不足就会显得微不足道，他人也会愉快地接纳你。恰当地运用自嘲法应具有一定的幽默感，这能最大限度地保护我们。

有一个人中年谢顶，还不到40岁头发就掉光了，有一天，这个人在街上遇到一个事业上的竞争对手。对手就嘲讽他：“哟！这么早就没头发了，是想太多了吧？”

中年人有心发怒，但想了片刻，终究只是轻轻一笑，说道："对啊，聪明绝顶了。"这样一来，嘲讽的那个人顿时有种一拳打在棉花上的感觉，只好闭嘴不言了。

当我们的缺点被人嘲笑，或处于可能让自己尴尬的处境时，一味遮掩，反而暴露我们的不足，大胆地承认，然后用自我调侃的方式帮自己解围，既能摆脱别人的嘲笑，又能显得自己大度。

自圆其说就是给自己和他人找台阶下，在状况窘迫的时候，不管是谁将话题引入尴尬境地，都可以顺水推舟，将这一刻的窘境跳过。比如说，同事给我们过生日，却将我们的生日说小一岁，这个时候，大家不免尴尬。这个时候，直接说对方错了，肯定不恰当。但如果我们回答说："哈，又年轻了一岁，真是太好了。"那就是皆大欢喜了。

一言以蔽之，生活中的我们永远也无法杜绝尴尬的发生。善用自嘲，则可以最大限度地让我们免于困窘。自嘲也并不是拿自己出丑，自嘲者讽刺的往往不是自己的缺点，至少他的优点是多于缺点的。不管我们的身份地位如何，都应该学会自嘲。

4. 意见不合，求同存异，不过分争辩

留心我们周围，争辩几乎无所不在：一场电影，一部小说，一个特殊事件，某个社会问题，都能引起争辩；甚至连某人的发式与妆饰也能引起争辩。低情商者常常与人争得面红耳赤，结果好好的聊天氛围被瞬间破坏。

英国女作家伊夫林·比阿特丽斯·霍尔在《伏尔泰之友》一书中，写过这样一句话："我不同意你的观点，但我誓死捍卫你说话的权利。"表达自己的想法，是我们每个人最基本的权利，应予以相当的宽容和尊重，而不是过分地争辩。

戴尔·卡耐基曾讲过自己的一段经历：

那是第二次世界大战之后不久的一个晚上，卡耐基受邀参加罗斯·史密斯爵士的一场庆功会。宴会上，坐在他旁边的是一位很幽默的男士，该男士给大家讲了很多笑话，其中，有个笑话还援引了莎士比亚的"谋事在人，成事在天"来作为论据。

但是，或许是这名男士记错了，误以为这句话是出自《圣经》。卡耐基当时就毫无顾忌地纠正了对方的错误："先生，这句话是莎士比亚说的，并非出自《圣经》。"男士听后显得很激动："什么？这句话出自莎士比亚？不可能！绝对不可能的。"

男士反复强调自己是对的，卡耐基也很固执，就与他激烈地争论起来。两人找到坐在另一边的法兰克·葛蒙，请他做公证。葛蒙是专门研究莎士比亚的学者，两人都很信服，共同向他请教。本来，卡耐基是确定自己没记错的，然而结果却出乎他的意料。

葛蒙先是向卡耐基递了一个眼色，然后说道："戴尔，是你错了，这位先生是对的，这句话确实出自《圣经》。"这个回答让卡耐基大吃一惊，十分不解。

回家路上，卡耐基质问好友："葛蒙，你明知道那句话出自莎士比亚，竟然和他一起说我不对，你是什么意思？"葛蒙答道："是的，那是《哈姆雷特》第五幕第二场的台词。可亲爱的戴尔，你为什么一定要找证据指责别人的错误呢？难道这样做会让别人崇拜你？为什么不给他留点面子呢？……戴尔，永远避免正面冲突，那才是理智的。"

在一个多元社会，人们对事物的认识和看法，本来就不可能完全相同，

如果总是与人争辩，容易陷入“公说公有理，婆说婆有理”的胶着状态，除了收获别人的抗拒和争辩，什么也得不到。既不能让对方信服，也不可能真正使对方接受我们的观点。

通常情况下，一个喜好与人争辩的人，往往都会犯以下几个错误：

一是妄想通过争辩来说服对方，可事实却是，争辩从来不会让对方心服；

二是这样做，将会使他失去一个朋友，从此多树立了一个敌人；

三是他将失去一个学习的机会，从而更多地暴露了自己的缺点。

富兰克林说：“如果你老是争辩、反驳，也许能偶尔获胜，但那是空洞的胜利，因为那样你永远也得不到对方的好感。”几乎所有的争论，都使双方在争论过程中更加坚信自己是对的，不管表面上是否占了上风。争论是两败俱伤的事，永远没有赢家。

同一件事情，本来就会折射出不同的看法来，孰是孰非、谁对谁错，并不非得要有个明确的定论，只要大家能充分表达自己的意愿就行了。因此，尊重不同的观念、见解和不同的声音，既是尊重对方的言论表达自由，也提供了一条释放情绪的渠道。

当然，不提倡争辩，并不是让我们就此做一个老好人，做一个和事佬，表现得一点儿脾气都没有，而是要懂得把握其中的分寸。毕竟，一味地同意对方的观点，一点儿自己的见解也没有，也是不行的，很容易使错误的东西也得到宣扬，这样就很容易对他人乃至社会造成危害了。那么，具体来说，当我们面对他人的不同意见时，该怎么做呢?

第一，搁置争议为先。

我们可以暂时先不争论，先把事情放一放，对争论的事情不表态，不回答，保持沉默，给双方一个冷却的时间，等大家情绪平静后，再做探讨和发言。

第二，否定之前先肯定。

在表达自己不同的观点之前，先指出对方观点中正确的部分，表示赞同。人际交往中，求同存异永远是最有效的手段。先给予对方足够的肯定，使对方能够静下心来听我们说话，这样我们才能发出自己的声音，才能将我们的想法灌输给对方。

第三，态度真诚，平和，切忌如斗鸡。

不管任何场合、任何时候、任何对象，我们都要保持真诚的态度，万万不能跟对方吵红脸。虽然有“不打不相识”的说法，但更多的时候，一旦我们与人发生争执，往往就意味着这次交流失败了。在这种情况下，我们说的任何话，别人都不会听的。

第四，语气委婉，多用请求、征求的语气。

人都有同情弱者的心理，因此，我们在与人交流不同意见的时候，要注意语气的委婉，不能生硬，更多使用征求意见的句式，这样可以引发对方的同情心。这是一种谈判的技巧。当然，如果对方仍继续争辩，我们就要回到第一条，先搁置争议。

说到底，争论完全是情绪化、非理性的，而我们本身是可以用绕指柔去柔化争论的开始的，何必一定要自取其辱并且和他人争执呢？在发生争执，或者即将发生争执的时候，不妨以包容的态度去面对，一个懂得宽容他人的人，才会得到他人的尊重。

5. 装认输，把无谓的胜利让给对方

一个人越聪明，他所树立的敌人就越多，作家亦舒说过，你可以是聪明人，但不必让全世界都知道你的聪明。与人交往，即便我们辩才纵横、逻

辑清晰、口若悬河，有自己的想法，也需要点到即止，不可将对方辩到哑口无言。

最近，女孩苏云可迷上了游戏《王者荣耀》，苦于技术不行，在游戏里经常被人堵在门口杀，一局下来，次次都是名次最低的那个，为此，很多玩家都举报她。

心高气傲的苏云可受不了这种气，就向自己的男友黄世杰请教。男友很高兴地接受了这个请求，很快，在男友的见证下，苏云可又打了两把，当然，还是输。

不过，男友很快指出了她的问题："你这个英雄是安琪拉，法师职业，攻高防低，你要多走位，别傻站着，容易死，还有，要学会与团队配合，不要老是去打野。"

听到男友的指点，苏云可一开始还虚心求教，但很快就皱起了眉头："不对，我在网上查资料了，他们说安琪拉就要打野练级，伤害才高，才能发挥她的作用。"

"不是，你听我说，你要……"

"不，你说的跟别人说的都不一样，人家那些可是最强王者的经验……"

两人因此起了争执，眼见女友情绪激动，大有跟她撩袖子干架的趋势，黄世杰灵机一动，马上举手投降，并拿过女友的手机，说让自己试着打两把看看。

黄世杰本身就是游戏高手，进入游戏后，很快就明白了这款游戏的玩法，仅仅五六局之后，他的技术就已经非常熟练了。然后，他就用实际行动告诉了女友，安琪拉在他的操作下是如何推塔杀人的。如此一来，苏云可傻眼了，哪还能不明白男友的苦心?

有些人在和别人相处的时候，总喜欢证明自己是对的，别人是错的。于是在与人争论时，他们常常说得唾沫横飞，不把对方辩得面红耳赤，誓不罢休。他们处处想要表现得比别人强，连一起吃饭，他们都想着多吃两碗。说白了，这是一种虚荣的表现。

一般来说，人们之所以想赢，无外乎是想为自己赢得面子。但事实果真如此吗？并不是，执着于无谓的胜利，非但不能给自己挣面子，还会使对方怨恨于我们。

古人说，得饶人处且饶人。意思是，在应该退让的地方，暂且先饶过对方，不要步步紧逼。比如，情侣之间因为“今天吃什么”而发生争吵，这个时候，双方如果都抱着“我一定要辩赢”的心态去争吵，那么最终很可能是以两败俱伤甚至分手收场。但如果大家都能退一步海阔天空，将无谓的胜利让给对方，就一定会以大团圆结局。

很多时候，我们与别人发生冲突，当我们在对方面前扬起胜利的旗子时，实际上，在扩充人际关系的路上我们已经输掉所有了。赢了蝇头小利，却输了整个棋局，这岂非是天大的亏本生意？因此，与人交往中，不要执着那些无谓的胜利，要懂得认输的艺术。

当然，这并不是让我们对所有的输赢都不在意，对于一些应该争取的胜利，也不能有丝毫的放松。诸如高考、业务竞争、产品竞争等问题，我们还是要力求胜利的，这是原则性问题。那么，具体来说，在我们的生活中，有哪些胜利是不必要争的呢？

第一，生活中的琐事。

所谓生活中的琐事，指的就是像“今天我们去哪儿玩儿”“科幻电影和爱情喜剧哪个更好看”“你喜欢明星吗？为什么不喜欢？不行，你一定要喜欢”之类的小事。

这些事情，往往容易引发人们的激烈讨论，很多情侣、朋友、同事，为了在这些话题上辩个输赢，不惜引经据典，当然也说了很多伤人的话，这是非常没必要的。

第二，远在天边的事。

还有的人，会因为一件跟自己八竿子打不着的事，而与别人发生争执。比如，王雪玲就曾因为一则“非洲人吃大猩猩”的报道，与自己的闺蜜发生争吵。她认为这是一种野蛮残忍的表现，而闺蜜却同情非洲人食物紧缺，最后，两人甚至为此还大打出手。

这样的争辩，荒谬至极。原本就是与我们普通人的生活毫无关联，谁都有权利提出自己的见解，也没有硬性的判定标准。如果因为彼此意见不同而争吵，甚至打架，那就是毫无意义的行为了。

其实，很多事情，如果脱离了它的实际环境，单纯去讨论其对错，是不科学的。概念上的东西，我们很难分得清楚对与错，但很多人却因为逞一时口舌之快，而损失了朋友，得罪了同事，冒犯了上司，虽然看似赢得了胜利，但除了一点儿心理上的快慰，又能收获什么东西呢？一个情商高的人，绝不会将争斗之心放在一些没有意义的事情上。

6. 得意时，心张扬而神不张扬

自古英雄多磨难，从来纨绔少伟男。不管我们遇到多么高兴的事，或是多么悲伤、沮丧的事，都要保持平静的姿态，不要将内心的情绪毫无保留地显示在脸上。

一个心胸开阔、眼界宏大、志向高远的人，不会因为一时的胜利，就笑得合不拢嘴，也不会因为一时的挫折而绝望。相信自己，不管遇到什么困难，总会有过去的一天，而任何成就，也都会有褪色的一天。只有这样，才能始终保持学习的态度。

《史记·滑稽列传》记载：

战国时，楚王举兵攻齐。危急之际，齐国派使臣淳于髡向赵国请援，十万赵国士兵吓退了楚军。齐威王大喜，下令要大摆筵席宴请淳于髡，并令百官不醉不归。

齐威王问淳于髡："先生要喝多少酒才会醉？"

淳于髡答："喝一斗酒也醉，喝一石酒也醉。"

齐威王不解，淳于髡就说："酒极则乱，乐极则悲。"意思是，喝酒到了极点，就会酒醉而乱礼节；人如果快乐到极点，就可能要发生悲伤之事。齐威王有所悟。

是为"乐极生悲"之典故也。

正所谓"人逢喜事精神爽"。生活中，我们绝大多数人在遇到喜事的时候，总会表现得神采飞扬。比如，好不容易升职了，会忍不住宴请一番；有了新的恋情，整个人眉飞色舞，连走路都是飘的；中了五百万彩票，很可能连说话都是用吼的。

如果因为取得了一定成就，就迫不及待地将这份喜悦表现出来，甚至不加一丝收敛，给人一种"从此以后，我就是天"的感觉，这样的人，往往容易乐极生悲。

最近，张伟达刚刚成交了一份大单子，使得他的业绩再次夺得全公司第一，这已经是他第五次创下这样高的成绩了。为了奖励他，公司决定在第二季度总结大会上让他发言，并号召所有员工向他学习。这对一名普通员工来说，无疑是一个难得的机会。

得知此事，张伟达兴奋不已。就在大会开始前夕，躺在床上的张伟达由于过于兴奋，睡不着，就拿起手机玩起了游戏。

结果，这一玩就玩到了凌晨4点多，第二天，他一直睡到8点半才起床，等赶到公司时，大会已经开始好一会儿了。按照公司规定，季度总结大会上，任何人都不允许迟到一分钟，而张伟达却晚了半个小时。最终，张伟被公司记了一次大过。

遇见好事固然大快人心，但若是高兴得不知所以，那就大为不妥了。就像那中举的范进，一朝上榜，本是光宗耀祖之荣誉，但他却高兴得发了疯，竟险些在这疯癫中死去。若非他岳父的一巴掌将其打醒，恐怕中举之日，也就是他丧命之时。

得意时，过于兴奋，以至于失去了平常心，这样的状态是十分危险的。一个人在得意的时候，越张扬，就越容易让事情变糟。

这就好比一个万众瞩目的人，他越是夸耀自己，别人就越是会回避他，越是会在背后议论他，甚至因此而怨恨他，同时，如果有人比他更受瞩目，他就会心怀嫉妒。最终，这个人就会失去内心的宁静，以至于由一个愚人变成一个狂人，走向失败。

得意时不忘形，不刻意表现自己，低调做人，虚心学习，这既是一种人生态度，更是一种处世智慧和人格魅力。有人说这是虚伪和傻气，其实不然。只有得意时不张扬，“高高山顶立，深深海底行”，才能保持一颗学习之心，不断前进，真正立于高处。

时刻表现自己，是一个非常危险、十分可怕的陷阱，它会使我们把大量精力放在自吹自擂上，会使我们骄傲自满，失去进取心。李嘉诚说过：“顺境时不要想得太好，逆境时不要想得太坏。”以平常心对待荣辱名利，就足够了。

无论我们是处在顺境还是逆境，都需要保持清醒、冷静的头脑，以免被外界的荣誉迷惑了双眼，或者被不幸的遭遇击垮。逆境不可怕，顺境也并不是完全可靠，只有能将得失看淡的人才能安享恬淡生活。

7. 你的雄心不必让所有人知道

没有雄心的人，通常是没有前途的，因为没有足够的动力支撑他们奋斗。做人，需要具备一定的雄心才能成事。然而，绝大多数人都不喜欢与野心勃勃之辈相处。一个人如果将他的雄心公之于众，只会引来同事的孤立与防备，引起上司的忌讳与压制。

因此，当我们的羽翼还未丰满的时候，当我们的力量还很弱的时候，最好不要表现得太明显。收起我们不安分的心，一个人的雄心，不必也不能让所有人都知道。

吴映雪第一次面试的时候，面试官问起她对职业的规划，她毫不犹豫地说："我希望尽快进入年薪 10 万的行列。"面试官心里犯了嘀咕：一个业务助理的职位，哪里可能达到年薪 10 万的标准？这样的女生肯定不安分做事，说不定日后还会给自己找麻烦。

于是，面试官干脆淘汰了她。之后又经过了数次失败，吴映雪才意识到，哪怕自己真是这样规划的，也不能在面试的时候说出来，这会让面试官觉得她轻浮、张狂，不知天高地厚。明白了这一点，她开始学会隐藏自己的雄心，终于成功地找到了工作。

如今，经过两年打拼，她从业务助理升值为部门经理，年薪达到了 15 万，远超她当初定下的标准。她说："雄心这种东西，不能说给别人听，自己知道就好了。"

过早地暴露雄心，会让人觉得我们过于理想化，什么都不懂就敢大放厥词，进而对我们生出轻视之心。在职场里，一个人如果给上司留下这样的印象，通常是很难受重用的。另外，这也会引起同事的猜忌和警惕。那些老员工就会想：这个新人如此高调，是想将我们这些老前辈踩在脚下吗？太嚣张了，绝不能让他好过，给他找点儿事情做。

没有人会乐意眼睁睁地看着别人崛起，职场里暴露雄心，就好比将自己当作了靶心，每一个想要实现同样目的的人，都会恨不得朝他开枪或者暗中捣鬼，并对之实施扼杀计划。相反，隐藏的雄心则好比星星之火，虽不闪耀，却能掀起燎原之势。

或许有人会说：都什么年代了，现代职场靠的是真本事，隐藏雄心还不如提高自己。其实不然，任何时候，人与人的竞争都是存在的，尤其是职场。肆意暴露我们的雄心，并不能显出我们更有上进心，只会给自己带来无数的竞争对手，以及不善的目光。

一个明显的野心家，就像是和尚头上的虱子，谁都能轻易发现他的威胁，他的存在很明显地会被别人当成是一种挑战和竞争。只有懂得伪装自己，收敛自己的雄心，才不会成为群起而攻之的对象。雄心不是用来炫耀的，也不是挂在嘴上的。有什么雄心壮志，回家说就好，在办公室和公众面前，我们要做的只有一件事，那就是不断提高自己。一个真正聪明的人，从不会暴露自己的雄心，反而会极力收敛，避免给人制造危机感。那么，具体来说，我们应如何隐藏雄心？

第一，少说多做，低调做人。

很多时候，一个人的雄心是通过他自己的嘴巴传播出去的。比如，在公司里，如果没事整天念叨“我要当老板，自己置办产业”“如果我当了经理，我会……”，哪怕我们本身没有雄心，也会被人视作野心勃勃之辈，然后加以防范。

闭上嘴巴，低调做人。有时间吹牛，不如多干事，提高自己。到处宣扬自己要怎样，其实不过是在浪费时间，更是变相地在提醒对手，“看，我要从这里进攻了”“我下一步的计划是这样的”，这样做只会让对手摸清我们的底细，将自己推向不利的局面。

第二，努力提升能力，化“野心”为“雄心”。

野心与雄心，看似只有一字之差，实则体现了一个人的能力。通常情况下，我们评价一个人是不是有野心，其实是根据他的能力来判定的。

举个例子，一个没上过大学的人和一个“985”高校毕业的人同时应聘一家公司，两人都强烈地渴望应聘成功。这个时候，大多数人会觉得那个“985”高校出来的人，是有雄心壮志的人，而那个没上过大学的人，则是有野心的人。为什么这样说？那是因为，多数人觉得，前者比后者更具有实力，配得上那家公司，而后者虽然有着坚定的目标，却没有匹配的实力。

实力与目标不匹配，就容易被视作野心勃勃之辈。因此，隐藏我们雄心最好的方法，就是不断地提高我们自身的能力，让所有人都知道，我们本就是如此优秀。

总之，不可否认，“雄心”是一个人前进的动力。但正所谓“木秀于林，风必摧之”，越多的人知道了我们的雄心，我们的“敌人”也就越多。一个有雄心成就大事的人，在职场更应该学会伪装自己。一个情商高的人，永远不会四处宣扬自己的雄心壮志。

第六章

负面的话正面说，你的善良要有点情商

千万别把“刀子嘴豆腐心”当成赞美

批评别人前，先检讨自己

先肯定对方的观点，再提出自己的观点

先扬后抑，不要让批评成为负能量

批评还要善后，抚慰工作不能少

宽容待人，任何时候都别咄咄逼人

随时注意自己说话的语气

让对方轻松接受你的好意

要用幽默的方式表达自己的不满

1. 千万别把“刀子嘴豆腐心”当成赞美

很多时候，人们在言语上冒犯了别人，总习惯用“刀子嘴豆腐心”来替自己辩解，似乎这样说，就能掩饰自己伤害了别人的事实。更有甚者，还把这句话奉为金科玉律，认为这是一种褒奖，是对自己的赞美。殊不知，这样的想法是大错特错的。

人们常说，“人言可畏”“唾沫星子能淹死人”。宋人林逋也曾说过：“以言伤人者，利于刀斧。”言语的杀伤力，并不亚于重磅炮弹，对一个人的伤害是不可估量的。因此，那些自诩“刀子嘴豆腐心”的人，也许他们本质上是好的，但说出的话也会伤人于无形。

曾有过这样一个新闻报道，一位母亲指责自己的儿子：“你这个没用的废物，我当初真不该生你，你还不如死了算了。”孩子当晚跳楼自杀身亡。

生活中，不乏有人仗着身边之人的理解和宽容，说话口无遮拦，想什么就说什么。也许他们说的都是实话，也确实出于好意，但毕竟刀子太锋利，让人无法忍受。等到对方实在忍无可忍，翻脸掀桌子的时候，他们又万分委屈，责怪人家不理解他们，辜负了他们的一片心意。其实这是情商太低的表现，与其说是为别人好，不如说是逞口舌之快。

方秀云最近和丈夫冷战了，原因是对方不堪忍受她的冷言冷语，想与她离婚。

对此，方秀云也很委屈。她认为自己每天对丈夫这么“耳提面命”，不就是想他争气一些，干出一番事业吗？虽然言辞激烈了一些、尖锐了一些，可自己也是为了这个家，不是吗？凭什么他一个男人，就不能容忍一点？明知道自己是刀子嘴豆腐心……

眼看夫妻感情遭遇最大危机，双方家长不得不进行调停。最后，丈夫说了：“本来我每天工作已经很累了，回到家还要忍受你的唠叨，脾气再好也受不了啊。”

眼见丈夫坚持离婚，方秀云这才知道，自己平日里的那些话，给丈夫带来了何等的伤害。最后，她连连保证，自己以后决不再说那些话了，两人才重归于好。

“恶毒”的语言，总比其他言辞更加犀利，往往能够穿透人心。就算我们事后弥补，对被伤害者说上一千句、一万句“对不起”，对方心中的那道伤痕也不会消失。情商高的人，通常不会轻易说出“恶毒”的话，哪怕这些话是出自好心，真是为了对方好。

因此，我们亟待改变固有的观念，别再把“刀子嘴豆腐心”当作赞美了，伤人的语言终究是伤人的，改变不了它“恶毒”的本质。就算我们是真心为了对方，也需要一点智慧，将我们的“好心”更优雅地传达出去。那么，具体来说，我们应该怎么做呢？

第一，少说，多微笑。

有的人之所以显得“刀子嘴”，是因为他们不太擅长说漂亮的话，往往在谈论一个问题的时候，习惯于直指核心，一针见血。虽然这样说话效率很高，但很容易说出刺伤别人的话。面对这种情况，就应该少说，多听，多微笑。微笑，最能体现出我们的善意。

第二，不要说“我是为你好”。

通常，人们对“刀子嘴豆腐心”的反感，源于对这种“虚伪”行为的愤怒。明明就是伤害了自己，却偏要打着“为你好”的幌子，这对绝大多数人来说，都是一件难以忍受的事。为了避免这种反感，当我们在不小心说了“刻薄”的话时，不要自作聪明地加上一句“我这是为了你好”，直接向对方道歉，传达出我们的歉意，更能让对方接受。

总之，与人交往，应以尊重为先，哪怕双方关系再好，说话之前也要考虑一二，尽量避免祸从口出。常言道：“赠人以善言，重于金饰珠宝。”一个人如果已经有了“豆腐心”，又何必有一张“刀子嘴”呢？虽说良药苦口，但如果能在“良药”的基础上，再将它变得甘美一些，岂不是天大的美事？情商高的人，绝不会放任自己用言语去伤人。

2. 批评别人前，先检讨自己

只顾着批评别人，却不审视自己，这样的人是无法令人信服的。并且，由于忽视自身，这些人自己身上也存在问题。

有这样一位年轻的太太，她非常看不起住在自家隔壁的中年妇女，觉得对方太脏了。有一天，一位朋友来拜访她，年轻的太太就向朋友说起了中年妇女的情况。

朋友不解，就问：“为什么你会认为她脏呢？”

年轻太太笑了起来：“很简单，我每天都看到她在那儿洗衣服，然后将这些衣服都晾在院子里，你瞧，那些衣服上都有污点，她每天洗，却没有一次是洗干净的。”

太太继续说道：“你说，一个连衣服都洗不干净的人，她的生活质量能有多高呢？虽然看上去很辛苦，但她一定是一个肮脏的人，才会出现这样的事。”

朋友听后，转身拿起一块抹布，往窗户玻璃上抹了几下，然后问年轻的太太：“你现在再看她的衣服，还有污点吗？你看那些衣服多干净呀，哪会有污点呢？”

原来，所谓的“污点”，其实是年轻太太家的窗户长时间没有清洗，太脏了，以至于她看什么东西都是脏的。

很多时候，批评他人之前，别忘了先审视一下自己。这样做，一来可以避免出现像“年轻太太”那样的尴尬，二来也容易使对方接受我们的批评，不至于生气。

从心理学的角度分析，当被批评的人先听到的不是对自己的横加指责，而是批评者的自我批评，以及对自己的宽容谅解时，他们往往会心生感激，更容易听进去批评。自我批评营造了一种民主平等的氛围，会引起被批评者的心灵共鸣，避免了排斥心理。

一个情商高的人，在批评人之前，事先都会先谈一谈自己从前犯过的类似错误，一方面可以为对方提供活生生的例证，让他从自己的经历中认识到犯错的严重后果；另一方面，也可以带给对方一定程度的认同感，拉近彼此的心理距离，为自己营造出一种心胸开阔、坦诚相见的良好形象，从而使对方更容易接受，更有利于对方解决错误。

与此同时，被批评者经过这样的批评之后，非但不会怨恨批评者，反而会亲近对方，认为大家都是“自己人”。试问，既能让犯错的人乐于接受批评，又能拉近彼此关系，为自己新添一位朋友，可谓是一举多得的事情，何乐而不为呢？

孙永明还是业务员的时候，曾经遭遇过一次挫折，在业务上出现了不应有的失误，给公司带来了很大损失。事发后，老总亲自找他谈话，让他一度感到非常抗拒。

但谈话开始后，老总却先批评了自己：“这事我得负责。在你的业务培训中，我没有将具体的注意事项跟大家讲清楚。我已经通知了培训部门，将这一内容加到培训材料中去。这件事上你给我提了醒，让我的工作避免了更多的损失，我要向你表示感谢。”

孙永明完全没想到会是这样的结果，之前的那点抵触心理瞬间烟消云散。自那之后，他在工作上更加努力了，甚至还提出了好几项合理的建议，让公司效益大增。

将所有的过错都推到别人身上，就很难发现自己的问题，更不要说改过了。古人说“好责人者，自治必疏”，特别是处于“高位”的批评者，在批评下属的时候，要特别注意，先从自己的角度寻找做得不好的地方并坦诚相告，这有助于使下属信服自己。

人都是这样，当别人逆着自己的意思的时候，自己往往会硬抗到底，但是当别人顺着自己的立场说话时，自己反而不好意思起来，会主动向对方批评自己的错误。这是人类特有的内疚心理在起作用。那么，具体来说，当我们批评别人时，应该怎样做呢?

第一，首先以“自我批评”为开场白。

正如上面所说，先以自我批评为开场白，能够迅速消除被批评者的抗拒心理，使对方将我们视作同一阵营的人。打开了心扉，接下来我们说的话才能走进他们的内心，我们的批评也才有意义。否则，对方一味抗拒，我们即使说得再有道理，也不起作用。

第二，批评要懂得“抓大放小”。

什么是“大”？以公司企业为例，团队的经营原则是大、价值观是大、目标是大。什么是小？个人的想法、做事的思路是小。如果员工犯了原则性的错误，就要严加整治，但如果只是细枝末节，那就不要看得太重。毕竟，没人喜欢总是否定自己的人。

第三，语气要委婉，动作要文明。

以前，老一辈的父母文化不高，加上受传统思维影响，批评孩子总是疾声厉色，拍桌子掀椅子，不知道的还以为他们是要打人。同样，以前的一些领导、干部，在批评人的时候也喜欢摆架子、显“官威”。这样的批评方式是不行的，只会引起被批评者的抗拒。要做一个温和的批评者，语气要温和，用词要严谨、文明，动作上更要轻柔些。

总之，批评别人要讲究一定的技巧。一个情商高的人，懂得如何批评别人，却又不得罪对方。先进行自我批评，既达到了批评目的，又赢得人心，可谓一箭双雕。

3. 先肯定对方的观点，再提出自己的观点

生活中人们在反驳他人的观点时，很容易陷入一个误区，即一开始就把双方的分歧突显出来，这样做的后果便是，彼此容易忽视那些可以达成共识的部分，因而导致争论升级，谁也说服不了谁。世上最难的事，就是把思想装进别人的脑子里。

但是，如果我们能采用“先同后异”的方法，那结果可能就不一样了。简单来说，就是在反驳别人观点的时候，可以先不直接否定别人的观点，而是顺着对方的思路，在对的地方予以肯定，然后委婉地提出不同的看法，或者说建议，避免激怒对方。

在一次公司会议上，大家正在商讨一个计划方案，副总监杨云生第一

个说出了自己的想法。接下来，气氛就变得很微妙了，有的人欲言又止，有的人一味附和。

陈亮觉得，副总监的计划不太理想，但看到大家都不露“真功夫”，他担心自己若是说了真话，有可能会被穿小鞋。可若是不说吧，搞不好会对公司造成损失。

想了好久，他想出一个巧妙的办法，只听他说道：“我觉得总监的方案很了不起，既有创意，又具有可行性。刚才我仔细思考了一下，发现我自己的方案，只能起到查漏补缺的作用了。诸位请看，我的想法是这样的，如果……”

随着他的一番“查漏补缺”，副总监也看到了自己方案中的一些谬误。但陈亮的做法并不让他反感，反而替他保全了面子，所以他最后欣然接受，并大大赞赏了陈亮的细心，以及他考虑问题的全面性。

有关研究证实，与人交流，先肯定对方，会让对方忘掉争执，在心理上愿意听不同的意见表达，从而认识到自己的不足，最终纠正思想偏见，达成共识。从科学的角度来讲，这一点也是合乎人的心理规律的。当一个人说“不”的时候，他全身的神经、肌肉系统会处于紧张状态，进而采取抵制态度来防卫外力干扰。当一个人说“是”“对”的时候，却多处于松弛状态，此时对他进行引导，他往往能以相对开放的胸怀来接受新的意见。

先给予整体性的肯定，消除对方的防御心理和戒备心理。这样一来，对方才会有和我们交流的意愿。否则，若对方从一开始就对我们竖起心墙，那么我们的任何言辞，都是没有意义的，对方根本没心思听。万事开头难，我们必须以“肯定”为开路先锋。

在表示不同意见时，我们应该先退一步，表示自己在某些方面同意对方的意见，也很仔细地考虑过他的意见；然后再说明自己的建议，如此将使对方更容易接受我们的观点。我们不妨这样说：“我考虑过你的提议，这个建议很好，不过，有些问题可能还需要再商量。”或说：“我十分同意你的意见，只是我有一些建议，希望你能听听看。”

发表不同意见的其他几个策略：

一是褒贬倒置，营造和谐气氛。在提出反对意见前，我们不妨告诉对方，有一些人也和他有同样的观点。把批评性的话先以表扬的形式讲出来，这样可以帮助我们在和谐气氛中否定对方的意见。

二是回避焦点，缓冲正面的纷争。我们可以表示同意对方的意见，但说明有些人不赞同，然后再针对不完善的地方提出质疑。

三是重复对方的意见，以提醒对方再次考虑他的意见。在发表不同意见的过程中，许多人说话时往往粗心大意，所说的话可能不够完善，这时我们不妨用询问的口气、适宜的语调重述对方的意见，表示希望得到再次的证实，使对方能重新思考，加以改正。

四是善意地取笑，沟通双方的情绪。善意地取笑是指以幽默的形式善意地开玩笑。

有一次，一个想成名而又不愿下苦功的年轻人写信给马克·吐温：“听说软骨头中含有大量的磷，而磷可以补脑。我想，要成为一位大作家必须补脑，不知道你建议我吃哪种料理才好？”马克·吐温回答是：“我想，你最好吃一对鲸。”

4. 先扬后抑，不要让批评成为负能量

批评一个人之前，先对他进行表扬，往往效果更好。没有人喜欢一上

来就被人指责，所以正常人在面对批评的时候，总是会竖起一道心墙，将那些“刺耳”的话阻挡在外。这种时候，即使批评的人讲再多的道理，对于被批评者来说，也不过是噪音。

但是，如果我们先对对方进行表扬，就能降低对方的戒备心，使其对我们敞开心扉，愿意听我们说话。这样一来，我们才有机会将接下来的批评之语，送进对方的耳中。

肖振宇和韩启刚是好朋友。肖振宇个性独立，但毫无技能，常被韩启刚批评。

每当韩启刚批评他的时候，肖振宇都会一言不发地走开。

再后来没多久，肖振宇屡屡受挫，渐渐变得暴躁易怒，恰好韩启刚又一次批评他，肖振宇瞬间爆发了，摔烂了好几个酒瓶子。

一周后，肖振宇给韩启刚写了一封绝交信：“你不要再批评我了，我受够了。”

一味地批评对方，只会让对方对我们产生抗拒心理，对我们说的话反感。这样的批评，不但不能使对方认识到自己的错误，进而改过自新，还可能激起对方的怒火，使他反其道而行之，生出“你不让我做，我偏要这么做”的想法。

另外，批评，是为了让对方变得更好，而不顾对方的感受，全程都是在指责批评，则会让对方的心情更加沮丧，甚至让对方放弃改正。批评若是到了这个份儿上，就与我们的初衷不符了。因此，在批评的时候，我们也不能忘记给予对方必要的鼓励和支持。

约翰·卡尔文·柯立芝有一位女秘书，长得非常漂亮，但是工作时却有些粗心，经常出错。

有一次，秘书一大早走进办公室，柯立芝说：“今天，你穿的这身衣服真漂亮，正适合你这样年轻漂亮的姑娘。”听到素来沉默的总统夸赞自己，秘书受宠若惊。

但很快，柯立芝话锋一转，又说道：“但是你也不能骄傲，我相信，你的公文也能处理得和你本人一样漂亮，对吗？”从那天起，女秘书在工作中很少出错了。

有人问柯立芝：“你是怎么想出这个方法的？”柯立芝说：“很简单，你见过理发师给人刮胡子吗？他要先给人打上肥皂泡沫，为什么呢？就是为了不让人疼。”

批评是一把双刃剑，既可以救人，也可以伤人。当我们好心拿起这把剑去救别人时，若是处理不好，发挥了它“杀人”一面的功效，那么我们就有可能使对方更加消极，甚至让对方越来越反感我们，直至分道扬镳。不过，要是我们能巧妙地提出批评，发挥它“救人”一面的功效，自然就会皆大欢喜，我们的人气也会随之提升。

许多事实证明：因批评引起的愤恨，常常会使被批评者情绪低落、做事没有精神，而对于应该改进的状况，却一点作用也不起。因此，当我们批评别人的时候，千万要注意，别让我们的批评成为负面力量。那么，具体来说，我们应该怎么批评才好呢?

不管对方多么一无是处，我们在提出批评的时候，都要尽量从他身上找出一个点来表扬一番。如同柯立芝总统从秘书的容颜入手，进而取得秘书的认可一般，当我们表扬对方的时候，实际上，对方已经从心里对我们敞开了大门。也只有在这种情况下，我们的批评才是有效的，对方也才会听进去，然后改正。因此，批评不妨先从表扬开始。

一次真正意义上的批评，应该是让人觉得警醒的同时，也会对未来满怀希望，相信自己会变得更好。如果让被批评者产生了绝望情绪，那么这次批评实际上是失败的。

苛刻地指责，只会让人产生抗拒心，而巧妙地暗示对方，使其注意到自己的错误，则会受到爱戴和喜欢。就像暖和的阳光比肆虐的北风更容易让人将大衣脱下来，一个情商高的人，在批评别人前，总会真诚地赞美对方，赞美和肯定，远比批评更有效。

5. 批评还要善后，抚慰工作不能少

打个巴掌，再给颗甜枣吃，就是先对犯错者施威，批评或者责罚，使他对自己的错误有一个直观的认识，待他认识到自己的错误后，要适当地给他一点甜头，引导他朝正确的方向走。这样做不仅有利于消除双方的隔阂，还能让对方真正意识到：我们的确是为他好，使他心怀感激。对一个情商高的人来说，这种"甜枣"往往是不可或缺的。

张君一向上班准时，最近的一个多星期，他却一直迟到。同事们都是早早来上班，自然对张君最近的迟到颇有微词。这些林经理看在眼里，这天工作不忙的时候，林经理将张君请到自己的办公室，问张君："小张啊，最近为什么上班都不按时呢？公司有规定，不得迟到早退的。"张君有点不好意思，说："最近睡眠不好，早上总会晚起一会儿，所以就来晚了。"

林经理说道："一个公司就该有一个公司的制度，你这样迟到，不但影响工作，还在同事之间造成了不好的影响。早上起不来不能作为迟到的借口，以后注意自己的作息，不要影响工作。"张君低头不语。

林经理说："这样吧，念你是初犯，这次就不计较了，今后一定要准时来上班，否则就要按规章办事了。"张君说："我以后一定会按时到岗的，请您放心。"

林经理最后又说："在我的印象里，你一直都是严守纪律、工作热情高而且技术不错的人，把工作交给你，我很放心，希望你能再接再厉。"说到这里，张君眼里有了光彩，顿时精神起来，说道："谢谢经理鼓励，我不会让您失望的。"

正常人在受到批评之后，心里都会很不舒服，会感到痛苦、羞愧、受到轻视，会觉得自尊心受到了伤害。如果是在众目睽睽之下被批评，还会觉得自己丢了面子。

心理专家说过："人都是喜欢得到表扬，而讨厌受到批评。"任何人在遭受别人的责备之后，都难免会对自己产生怀疑。比如员工被领导批评了，他也许会想："这工作我是干不了了，不如辞职算了。"一旦被批评者失去了信心，他们是很难改过自新的。

这个时候，如果领导能适时地加一句，"我看你还算是个可造之材，所以才骂你，希望有朝一日，你能成长为我的左膀右臂"，员工的想法就会立刻转变，他们就会想：原来老板对我是有期望的，我一定要好好干，绝不能辜负老板对我的信任和期望。

如果我们把发威比喻为"火攻"，就可以把施恩视为"水疗"，一味地"火攻"和"水疗"都不能达到理想的效果。唯有水火并进，双管齐下，才是最好的方法。情商高的聪明人，在批评对方后会立即补上一句安慰之语。恩威并施，才能令对方心悦诚服。

因此，不管是和风细雨式的批评，还是暴风骤雨式的批评，要做一个真正的聪明人，都要学会批评后给对方安慰，只有这样，我们才能获得对方的信赖和友谊。

另外，批评的时候，也要讲究一定的技巧，注意一下场合，要给对方留下保全颜面的空间。若是不管不顾，不分时间和地点，就草率地进行批评，很可能会适得其反，不但达不到批评的效果，反而会激化双方的矛盾，使对方在错误的道路上越走越远。

美国玫琳·凯化妆品公司董事长玫琳·凯，她在批评别人的时候，决不坐在老板台后面与对方谈话。她认为办公桌是一个有形的障碍，办公桌代表权威，给人以居高临下之感，不利于交流和沟通。她总是让对方坐在沙发上，在比较轻松的环境中进行讨论。玫琳·凯要批评人时，总是单独与被批评者面谈，绝不在有第三者在场的时候开口指责。

她认为，在第三者面前责备某个人，不仅打击士气，也显示了批评者的冷酷。她说："一个管理人员，若在第三者面前责备某个员工，是绝对不可原谅的。"

总之，批评归批评，生活和工作还是要继续的，交情也要继续，在批评结束前把话往回一拉，鼓励一番，能让对方觉得放松和愉快。这种具有感情色彩的客观评价，往往能温暖被批评者的心，使他们真心实意地接受批评。抚慰人心的善后工作，不能少。

打一个巴掌，再给一颗甜枣吃，是消除负面效应的良好途径，也是为了化解矛盾，及时有效地疏导和沟通。一个情商高的人，应该熟练地运用这种技巧。

6. 宽容待人，任何时候都别咄咄逼人

网络剧《斗破苍穹》中有句台词是这样说的：莫欺少年穷。意思是，随着时移世易，一个人的境况是会变的。

生活中，不乏这样的人：当他们占据一定道理的时候，咄咄逼人，不肯退让一步，总是步步紧逼，恨不能将对方贬得一无是处。一个真正情商

高的人，即使手握真理，也很少咄咄逼人。

美国前总统富兰克林年轻的时候，为人骄傲，言谈举止满是不可一世的气势。有一位朋友就将他叫到面前，用温和的语言告诫他："你从不肯尊重他人，事事自以为是，别人受了几次难堪后，谁还愿听你夸耀的言论？你的朋友将一个个远离你，你再也不能从别人那里获得学识与经验，而你现在所知道的事情，老实说，还是太有限了。"

富兰克林听后，深受震动，决心痛改前非。从那以后，他处处提醒自己，言行要谦恭和婉，慎防损害别人的尊严和面子，不久，他便成长为一名优秀的交际家。

一位心理学家说："牺牲别人去做一件有利自己的事，本不妥当，硬把这件事当作对别人的慷慨施与，就是无可饶恕的欺人行为。而且，到头来必定是失败的。"当我们手中已经握有一定证据时，千万不要表现得太强势。许多人都有逆反心理，我们这样做只会让对方更加愤慨，如果对方是个不讲理的人，那么势必会让彼此的关系更加恶化。

在任何人的内心深处，都会有一张自尊的网，适时地给别人台阶下，才能求得人际的和谐。但是，现在仍有不少人视"锱铢必较"为美德，即使因言语不当而产生矛盾，他们也每每以"我这人就是喜欢说实话"为理由替自己开脱。然而，当一个肆无忌惮地挥动着道理"鞭子"的人，闯入另一个人的内心领域时，必然会引发对方强烈的抗拒。

比如，对约会中迟到的朋友、恋人大发脾气，并喋喋不休，那么接下来的后果很可能是朋友拂袖而去，不再相交；恋人脸子一甩，轻飘飘地来一句"分手吧"。

说到底，谁也不想迟到，更不想惹人不快。在犯错之后，其本身就有内疚和歉意，这个时候，再听到我们的冷言冷语，只会使心中的不满疯狂滋长，最后不得不大吵一架，更有甚者，甚至就此一拍两散，相忘于江湖了。

这是非常不明智的，也没有意义。

与人交往，很容易因为一些小事处理不好，伤害到彼此的关系。这种伤害是感情和尊严方面的伤害，通常情况下，正是由于大家都不愿意让步，才导致矛盾越积越多，最终关系破裂。交友即是做人，我们又何必做一个顽固又让人感到厌恶的人呢?

尝试控制自己的情绪，哪怕朋友迟到了，也可以笑着问他："没出什么事吧？"即使知道对方撒了谎，犯了错，也不要第一时间就揭穿他，给他一点缓冲时间。

其实，不仅仅是迟到，还有很多小事，譬如朋友间相互调侃的时候，朋友在不经意间冒犯自己，同事在工作中犯下的小错误等，都有可能为彼此关系埋下"地雷"。我们要学会控制情绪，不让小事变成大事，让小冲突变成大冲突。多站到他人的角度想想，对一切状况都保持平常心，再生气也不要草率地对他人冷眼相向，才是聪明人的做法。

此外，宽容待人也是给自己留余地。人总有犯错的时候，也总有冒犯别人的时候。如果我们自己总是对朋友的小错斤斤计较，那么，当我们犯错时，朋友同样也会这么对我们。因此，宽容不仅仅是为了避免冲突，更是给自己保留退路，树立良好形象。

7. 随时注意自己说话的语气

与人交往，说话的语气往往决定着我们的亲和力以及人格魅力。有的人喜欢以命令的口吻跟人交流，有的人说话总带有几分高傲，还有的人张口就是“天老大，我老二”，这样的说话方式，是很难让人对说话之人生出亲近感的，自然也不愿与之接触。

一个情商高的人，在说话的时候，总是格外注意自己的语气，不论在何时何地与何人说话，开口之前，他们必然是深思熟虑，针对不同对象，采用不同的语气。

著名主持人蔡康永情商高是出了名的，他说话时永远是智慧中带着温柔。他与小S相识多年，在节目中插科打诨，关系很亲近。

但是，蔡康永在与小S沟通的时候，始终是一种尊重的态度。蔡康永让小S帮忙，他从来都会在后面加上“可以吗”“好吗”“方便吗”这样的词语。

蔡康永在跟任何人说话时，语调永远都是温文尔雅，态度平和，他会使用大量的礼貌用词，从来不会用命令的口气跟别人说话。

有人说：“你几乎看不到他气急败坏地跟人大吵的景象，也无法想象他会跟人争吵得面红耳赤，跟他说话，实在是一种如沐春风的享受。”

人与人交往，最大的一个原则便是尊重，有的人认为，跟自己关系亲密的人说话，就可以随心所欲，想什么说什么，想怎样说就怎样说，这是情商低的表现。

比如，使用命令的口气跟亲密的人说话，对方可能不会表示什么，但心里肯定不是滋味，次数多了就容易伤到感情。生活中，这种问题常常出现在夫妻之间。因为一件小事，彼此在说话的语气上不加重视，结果你来我往地拌嘴，最终导致感情不和。

再比如，孩子犯错的时候，父母在进行批评时，不注意自己的语气，言辞间带有强烈的恨意或嫌弃的姿态，这会让孩子的心灵受到巨大的冲击，会误以为父母真的对自己失望了，从此心灵蒙上阴影。次数一多，孩子养成叛逆的性格，也就不足为奇了。

生活中，很多人都不重视自己说话的语气，认为这没什么大不了的。殊不知，很多误会与冲突，其实就是源于我们说话的语气不对。说话带命令口气，是一种低情商的语言冷暴力，对关系一般的人这样说，会引起对方的反感和嗤笑，而对亲近的人这样说，则会在彼此的感情中埋下不定时炸弹，在双方之间制造隔阂，可谓有百害而无一利。

此外，我们不止在平时的相处中需要注意自己说话的语气，在我们生气，指责或批评别人的时候，也要注意语气，甚至比起平时要更加注意这一点。

无数实际的例子告诉我们，在批评一个人的时候，我们越是表现得凶悍，语气越是冷酷无情，怒火中烧，对方越加不以为意。即使表面上表现得唯唯诺诺，心理也压根儿不会在意我们的怒火。其实，我们越是批评一个人，越要注意自己的语气。

有一次，新来的同事孙茂强在整理一份数据时，不小心将其中的几个数据混淆了，脾气火暴的经理当场就怒了，拍着桌子恨恨地说："你就是个废物，废物啊！"

一句话，说得孙茂强青筋暴起。本来，孙茂强就因为自己出身农村，面对公司的同事时有些自卑，处处想要表现得好一点，以免被嘲笑。没想到，经理的这句话，直接击中他的要害。孙茂强愤怒了，双眼发红，拳头紧握，似乎随时都会动手打人。

就在这个时候，闻讯而来的店总连忙跑过来，安慰孙茂强道："哎呀，这是干吗呢？小伙子别冲动，工作就是这样嘛，谁都会犯错，这次没做好，咱们再接再厉就是了。我相信你的能力，这样的小错误不会再犯了，你就算不相信自己，也要信我呀。"

在店总温和的开导下，孙茂强总算平静下来，真诚地向经理道歉，并保证以后不会再出现这样的问题，一场干戈就此平息。

语言是双方信息沟通的桥梁，是双方思想感情交流的渠道，语言交流在人际交往中占据着最重要的位置。不注意语气，人家都以为我们很冲，不懂礼貌，还肤浅，如果是沟通的时候不注意语气的话，别人就会认为根本就没必要再和我们沟通下去了。

古人说“相敬如宾”，就是告诉我们，哪怕是面对最亲密的人，说话时也要带上尊重的语气，更遑论其他人了。以尊重的态度跟别人讲话，既让人觉得暖心，对方听了心里也会觉得我们是在替他着想，即便有时我们说得并不对，对方也会宽容几分。

蔡康永说：“懂得说谢谢，才懂得如何拿捏人情的轻重。”一句“可以吗”，能迅速拉近彼此的距离，多使用“请”字，会让人觉得自己被尊重，少说“哼”，会显得我们温柔且文质彬彬。一个情商高的人，永远都懂得利用语言的攻势，去征服别人。

说话有尺度，交往讲分寸。不管我们面对谁，即将说什么，都请放低姿态，相互尊重。说话的语气让人舒服了，才能降低对方被拒绝的概率，事情也会更容易做成。

8. 让对方轻松接受你的好意

很多时候，我们的一片好心被辜负，其实根本原因就在于，我们没有充分考虑到对方的心情，没有站在对方的角度考虑问题，没有事先说服对方，以至于使对方的自尊心受到伤害，产生了被人“无视”的压抑感。换句话说，不经对方同意，就贸然提供帮助，本身就是一种侮辱。

公交车上，周娜娜看到一位缺了一条腿的年轻男子，因为没有座位，只能靠一只腿的力量站立，紧握护手不让自己摆动，看上去很吃力。她心有不忍，就想把自己的位置让给对方，可男子看到后，摇头道：“不用了，美女，我没问题的，你坐着吧。”

本来，这男子是一个极为要强的人，不想被人当作弱势群体对待，所以拒绝了周娜娜的好意。但周娜娜却没有理解他的用意，一个劲儿让座，使得周围的人都看向男子。结果，男子难以忍受众人的目光，生气地对周娜娜说了一句：“我不要别人让座。”

说完，他就在下一个站口下车了。周娜娜觉得很委屈，自己明明是一片好意，没想过要使对方难堪，结果却变成了这样。

很多人都会有这样的想法：我是为你好，我在为你提供帮助，所以你就应该听我的，不要跟我唱反调，我说什么就是什么。殊不知，正是这种“高高在上”的姿态，令人不愿接受我们的“帮助”。那么，我们应该怎么做，才能让对方接受我们的好意呢？

其实也很简单，关键在于我们的心态需要转变。我们只需放低姿态，改用一个建议者的口吻，以商量的语气跟对方商量，结果自会不同。

有一对苏格兰夫妇，想要买一辆汽车，但看过了一辆又一辆的车子，总相不中。这个时候，一位年轻的汽车销售员主动找上他们。结果，只用了两天的时间，这名销售员就成功地帮助这对夫妇买到了合适的汽车，他自己也收获了一笔丰厚的酬金。

朋友很好奇，就问销售员怎么做到的，销售员笑着说：“因为我对他们说了一句话，我说，‘两位都是很精明的买主，你们也很懂得车子的价格。能不能请两位看看这部车子，试试它的性能，然后告诉我，这辆车子该出多少钱才合算？’然后，在他们给出心中的估价之后，我再小小地提议了一下，他们就非常高兴地买下这辆车了，很容易。”

卖汽车是这样，我们给别人提供帮助，其实也是这样，都要抓住对方的心理变化，使对方从内心里接受我们的帮助。若是一味地占据高姿态，认为自己提供了帮助，就应该享有地位上的特权，只会让人反感，哪怕心意再好，也给人“惺惺作态”的印象。

没有人不喜欢被人认可和肯定，没有人不喜欢把自己的想法变成现实，抓住了人性的这个特点，顺着对方的思路说话，不但买卖容易成功，连我们的“一片好意”也不会再被误解了。所以，提供帮助也是需要技巧的。那么，具体来说应该怎么做呢？

第一，以商量的语气说服对方，不要摆架子。

很多人在提供帮助的时候，总是会用到这样的字眼儿，“你就按我说的去做吧，保证没问题的啦”“你一定要听我的，我这是为你好，没有错的”……

但凡是这一类风格的话，对于那些正在接受或需要别人帮助的人来说，无一不是戳中要害的“恶语”，闻之心伤，我们能不提，最好别提。当然，也许有人会说这是玻璃心，但无数的事实告诉我们，很多“好意”正是因为这些话，才变得惹人厌恶的。

姿态放低一些，语气柔和一些，说辞委婉一些，最好以建议、倡议的口吻向对方提供咨询或帮助，这才是聪明人的做法，既能帮到对方，也不会影响彼此的关系。

第二，施以援手后，不要时常将此事挂在嘴边。

有的人嘴碎，在帮过别人一次后，总喜欢有事没事就“旧事重提”，比如“哎，你还记得吗？当年大学的时候，你吃不起饭，我还给你买过炒饭呢”“哈哈，当年你买车的时候还向我借过钱呢，你小子”……也许说的人本身并没有别的意思，但听在对方耳中，就有些不是滋味了，他们会想：

你反复提起这事儿，怎么着，是想挟恩以图报吗?

一旦让人产生了这样的想法，我们曾经的那些帮助，就彻底变味了。轻则会让对方觉得我们是挟恩图报的小人，严重的甚至还会认为我们这是在搞“人情投资”，用心险恶，是不值得深交的人。这样一来，当初的一片好心，反而会损害我们的形象了。

所谓施恩不图报，其中一层含义，其实就是为了避免这种“好心”被误解。毕竟，被帮助的人本来在心理上就有一定弱势，如果我们反复提起，无疑是在对方的伤口上开刀，并且还撒盐。帮助了就忘掉它，至少，将它放在心底，不要拿出来胡乱瞎显摆。

正如俗话说的那样，“牛不喝水强按头”，是达不到目的的，只有顺其意、遂其心，才能使它高兴地喝水。牛如此，人亦然，如果不是他愿意做的事，强迫他干是不行的，只有按照他内心需要，因势利导，让我们的意思变成他的意思，才能使其欣然接受。

9. 要用幽默的方式表达自己的不满

与人交往，难免遇到让人不爽的事，或是对方说话的语气骄纵蛮横，或是对方提出了无理的要求。面对这些“恶意”，我们若想表达出不满，就需要一定的技巧。表达不满不是发火就行的，更不是对别人冷嘲热讽，而是要用一种轻松的方式提醒对方。

罗西尼，是19世纪意大利最著名的作曲家之一。

有一次，一个作曲家带了一份七拼八凑的乐曲手稿，找上罗西尼并向他请教。演奏过程中，罗西尼不住地脱帽。作曲家问："是不是屋里太热？"罗西尼回答说："不，我有见到熟人脱帽的习惯，在阁下的曲子里，我碰到那么多熟人，不得不连连脱帽。"

用幽默的语言，将自己的不满表达出来，既能让对方心领神会，也能维持双方在表面上的和谐，甚至还能因此拉近双方的关系，使对方深刻认识到自己的错误。

就像在职场、聚会这种容易与人发生摩擦的场合，表达不满时如果态度过于强硬，难免会落得个"小心眼"的名声，为人所忌。可若是放任对方不管，伤害的往往是我们自己的利益，在这种情况下，学会用幽默来表达自己的不满，就显得无比重要了。

一个情商高的人，他们多会用诙谐的语言来表达自己对别人的批评和指责，表面上看似玩笑话，实际上却表达了自己的不满，这样的方式无疑更能让对方接受。

另外，在一些特殊场合，这种幽默风趣还能冲淡彼此的敌意和不满的情绪，调动现场气氛。这对我们的人际交往、商贸往来以及合作等，都是非常有好处的。

1952 年，美国总统尼克松前往苏联访问，在离开莫斯科的时候，苏共总书记勃列日涅夫到莫斯科机场送行。正在这时，飞机出现故障，引擎怎么也发动不起来。

机场地勤人员马上进行紧急检修，尼克松一行无奈，只得推迟登机。面对这种突发状况，勃列日涅夫眉头紧皱，深深地感到在对手面前损害了苏联的国际形象。

为了掩饰这个窘境，他故作轻松地说："总统先生，真对不起，耽误了您的时间！"一面说着，一面指着飞机场上忙碌的人群问："你看，我该怎样处分他们？”

尼克松却笑着说道：“应该提升他们的官职，要不是他们在起飞前发现故障，飞机一旦升空，那该多么可怕啊！”

在我们身边，类似的场景太多了。比如：面对领导，心有不满却不知道该怎么说，说重了怕惹领导生气，影响我们的职业生涯，不说吧，自己又心里难受；面对朋友，看不惯他的一些无赖行为，想要制止却又担心说不好，伤害了朋友，影响彼此的感情。

其实，面对这些情况，我们通通可以运用有技巧的“幽默”来表达我们的想法。比如，不满领导不给自己涨工资，我们可以说：“领导啊，再不涨工资，小的家里就要揭不开锅了，您一可要救命啊。”对加班不满意，我们可以说：“领导这是为我们好呢，那么早下班，回家也只能看电视，看多了会降低我们智商的。”

一个情商高的人，懂得把不满藏于幽默之中，把很容易引起矛盾的话变得动听，让所有人都很容易接受。当然了，道理易懂，做起来难。在实际交往中，并不是每个人都能很快地找到幽默点，然后进行“反击”，这个时候，我们不妨采用以下几种方法：

第一，归谬法。

当对方向我们提出近乎“荒谬”的问题时，我们不妨采用以彼之道还施彼身的招数，使对方“知难而退”。

一位客人点餐时，说：“我只吃煎蛋，并且蛋白要全熟，蛋黄要全生，还能流动。蛋呢，最好是由乡下快活鸡生的快活蛋。”侍者就问：“那不知名字叫‘珍妮’的鸡可合您心意？要不，再考虑一下阿曼达、琳达、谢丽尔……”接着侍者说出一长串所谓“母鸡的名字”，客人立刻明白过来，撤换了自己的要求。

第二，模拟法。

有的时候，直接反驳对方，会使对方难堪，甚至激烈反抗，这时我们就可以故意学对方说话，用对方的逻辑来“反击”对方，让对方无话可说。

一懒汉起床不叠被，妻子指责他，他说：“反正还会再用，何必麻烦呢。”妻子无奈，只得采取迂回战术。于是她在做饭的时候，只做了自己那份，懒汉就急了，问：“我的饭呢？”妻子笑道：“反正吃了还是会饿，何必麻烦呢。”懒汉恍然大悟。

第三，打比方。

有一次，一位客人点了一盘龙虾，结果等到上菜时，只见红辣椒，难见龙虾真身，客人就找来老板，真诚地问道：“老板，我的朋友在贵店走丢了，能请你帮忙找一找吗？”老板不解，答道：“您朋友是谁？”客人顺手一指菜盘：“喏，就是这里面的龙虾，我找了它们好半天，也没能找到，真是太调皮了。”老板连忙道歉。

适当地用诙谐的语言调侃，在无形中消弭双方的身份差距、地位差距，以及辈分、年龄差距，以此营造更轻松、自由的对话环境，自然能使对话双方感到舒适。

第七章

情商高的人最知趣

情商高的人，不轻易打断别人的话

有些问题要明知故问

提要求，选择别人心情好的时候

对方说“欢迎提意见”，但你别真的去提

情商高的人，会给予对方足够的尊重

听到这些拒绝的暗语，别再死缠烂打

安慰失恋的朋友，不要说“是他配不上你”

察言观色，懂得别人的暗示

错了，立即道歉而不是辩解

1. 情商高的人，不轻易打断别人的话

聊天不是抢答，不要随便打断别人说话，尤其是当对方说到兴头上的时候，强行插话只会让人反感。卡耐基说过："倾听，是我们对任何人的一种至高的恭维。"

打断他人说话，是一种非常无礼的行为。很多人之所以人缘不佳，就在于他听得太少却说得太多。人天生有自我表现意识，当一个人说得兴起时，突然遭到他人无礼打断，这种情况下，即使打断他的人说的是正确的，他也会愤而反驳，甚至冷眼相向。

徐晓是个性格开朗的女孩，平日里最喜欢做的事就是找人聊天。然而，与她性格极为不符的是，她身边的朋友却很少。原来，她有一个坏毛病，那就是表现欲太强，总喜欢在别人说得起劲儿时横插一杠子。对此，大家怨言很大，都不愿意和她聊天。

有一次，午饭过后，几个前辈同事聚在一起侃八卦，刚说到某个女明星的绯闻，被恰巧路过的徐晓听见了，她立刻插话道："呀，你们说她啊，我对她可熟悉了，她……"见她眉飞色舞地大谈特谈，根本不顾及别人的感受，几位同事无趣地走开了。

自那之后，公司里就再也没有人愿意跟她聊天了，只要一看见她，就移开目光，不去关注她。徐晓很苦恼，决心改掉这个毛病。她开始强迫自己听别人说话，有时候实在忍不住了，就赶紧离开。慢慢地，大家发现她不再乱插话了，聊天时反而会主动邀请她发表意见。

古人云：“说三分，听七分。”一个情商高的人，他不需要滔滔不绝，只需静静聆听别人的观点，也能收获别人的称赞与尊重。多听少说，在任何地方都会获取别人的信任，还会让人觉得我们并不是一个爱说是非的人。而不分场合与时机地打断别人说话，或者抢接别人的话头，很容易扰乱他们的思路，使得对方忘记自己要讲的内容，有时甚至会产生不必要的误会。培根说过：“打断别人，乱插话的人，甚至比发言冗长者更令人生厌。”

可见，“听”和“说”，对我们都很重要。什么时候该说，什么时候该闭上嘴巴，这是一门很深的学问。一个精明而有教养的人与人交谈，即使对方长篇大论地说个不休，也绝不随意插嘴。插嘴，并不会让人觉得你聪明，反而会让大家陷入尴尬。就像那些假精明、控制不住自己表现欲望的人，他们东插一嘴、西插一嘴，往往是话题终结的“能手”。

此外，根据心理学家们提出的心理定式理论来看：如果一个人心里有事，他就会打破心理定式，然后开始讲话。而在他把话讲完之前，他是听不进任何人的话的。

因此，一次成功的交流，不但需要我们少插话，更需要去聆听对方的话。倾听，不仅仅是对他人的一种尊重，更是对他人的一种赞美。在实际生活中，善于倾听的女人讨人喜欢，而善于倾听的男人，则让人觉得可靠、安全，值得交往，富有人格魅力。

与人交往，想要给对方留下好的印象，就要给予对方足够的尊重。强行插话，除了得罪对方，凸显自己没有礼貌，没有教养之外，再无任何意义。

当然，也许有人会问：“难道我们就该在别人说话的时候保持沉默吗？”当然不是这样的。实际上，一句话也不说，也就不存在交流了，那更是失败中的失败了。

很多时候，插话是有必要的。比如，当说话者明显犹豫不决，担心我们会没有兴趣继续听他讲话时，如果我们还是一言不发，那就是不尊重对方了。此时，我们可以用一种委婉的语气，如“我对您刚才提到的很感兴趣……”，这样一来，我们不仅可以适度地将自己的看法融人，还会让对方更高兴。这样来打断别人的话，是不会引起别人反感的。

再比如，当我们必须插话的时候，我们可以说“不好意思，打断一下”，或“请问，我可以说一句吗”，待得到别人许可后，再将我们的话简洁明了地表达出来。说完，别忘了请对方接着刚才的话题继续往下说，这样既表达了我们的观点，又不失风度。

人际交往中，最有魅力的人，往往不是那些口若悬河的人，而是善于用心倾听的人。凡事见微知著，能时时提醒自己尊重他人的人，才能赢得别人的尊重。良好的人际形象，就是从“学会聆听，不轻易打断别人”这样的小事建立起来的。

2. 有些问题要明知故问

中国人自古以来，就有明知故问的传统。比如，早上看见对方挎着公文包出门，会问一句：“呀，去上班吗？”在菜市场上碰见熟人，则会问一句：“哟，买菜呢！”

很多人对“明知故问”深恶痛绝，觉得这是浪费时间，说的是废话。其实，“明知故问”是一门大学问，可以帮我们拉近与他人的距离，促进我们的进一步交往。

在特定的情况下，有些问题是需要明知故问的。比如：您的钻戒一定很珍贵吧；您当年创业的时候一定很辛苦吧；您当年和妻子认识的时候，一定很浪漫吧……

在恰当的问题上明知故问，可以激发对方的自豪感、成就感，以及说话的欲望。这正是交际高手常用的一招：听别人说，引导别人多说。这也是最有效的沟通之道。通常，别人说得越多，我们对他的了解就越多，双方的谈话气氛也就越融洽，不是吗？

秦楠玉最近正在跟一个大客户谈生意，由于双方在合作事宜上还有争议，整个洽谈过程进行得很艰难。秦楠玉尝试了很多谈判技巧，都没有取得良好的效果。

这一天，她又约了对方的代表在咖啡厅见面，两人见面后，秦楠玉注意到对方穿得非常惊艳，一件利落高贵的女式黑西服，配上淡淡的妆，整个人显得魅力十足。

秦楠玉眼珠一转，意识到这是一个机会，连忙打了招呼，说："您的西服非常漂亮，挺配您的身材的。"对方不置可否，秦楠玉并不泄气，继续道："我猜您这西服一定很贵，我有个朋友就是开西装店的，这种质地上乘的西服，最少也得 10000 块呢。"

听到这句话，这位代表终于和缓地笑了笑，说："哪里，不到 9000 块买的，砍价砍了好久呢。"说完两个人都笑了，谈判也在轻松的气氛中向好的方向发展。

与人交流时，只要能让对方产生说话的欲望，这对我们来说，就是巨大的成功。因为对方只要愿意开口，我们就有机会抓取对方的信息，进行深入交谈。从心理学的角度，人在谈论自己的时候，往往最高兴、最投入，也是最容易敞开心扉的。只要他们高兴了，我们要想与之进行互动，也就变得容易多了。

由此可见，"明知故问"确实是沟通中的一大利器，是让我们顺利接近那些难以接近之人的最好办法。而要做到这一点，明知故问通常是最有效的方法。情商高的人，往往就是利用这点为自己创造机会。

当然，明知故问不是瞎问，而是要问那些让对方感兴趣的、引以为豪的，适合向人倾诉的。比如成功经验、峥嵘岁月，以及他目前最关心、最感兴趣的问题等。并且，我们在问的时候态度一定要诚恳，否则，别人就会觉得我们是在溜须拍马，刻意逢迎。

日本有一位卖保险的青年，有一次，他前去拜访一位建筑企业的董事长。没想到，那位董事长并不愿意见他，一见面就给他下了逐客令。青年心思一转，就拦住那位董事长说："先生，咱们年龄差不多，但您为什么能如此成功呢？您能告诉我吗？"

青年在提这个问题时，语气非常诚恳，任谁都觉得，他想知道董事长成功的原因。面对青年的问题，那位董事长先是一愣，随即面色柔和，没有再驱逐青年。

随后，董事长让青年坐了下来，就坐在自己的对面。董事长开始滔滔不绝地向青年讲述自己的经历。没想到，这一聊就是三个小时，而青年始终在认真地听着，并在适当的时候提了一些问题，以示请教。整个过程，几乎全是董事长的回忆之旅。

最后，董事长把自己公司里的所有保险，全都在青年那里下了保单。

可见，我们不但要"明知故问"，更要有选择性地问，抓住那些能够让对方产生成就感与自豪感的问题开问。说白了，这种"明知故问"的本质，其实还是一种赞美。只不过，这种赞美是委婉的、迂回的，是通过技巧，让被赞美的人自己说出来。

举个例子，当我们在与女性打交道的时候，这种"明知故问"就要"夸张"一些。比如在电影《甲方乙方》中，葛优面对七十多岁的老大娘，明明一看就知道对方的年龄段儿，但他愣是问出了"大娘，您有四十了吧"这样的话，把大娘哄得乐不可支。

其实，这与"投其所好"没什么不同，都是拿对方感兴趣的话题"开刀"，但只要我们的出发点是好的，那这种“投其所好”就是没有害处的。而且，这种说话技巧往往能给对方带来快乐，对于这样的“无害奉承”，多掌握一点，对我们的人际交往是有好处的。

总而言之，与人交往，别人越是主动向我们倾诉，就越是容易相互亲近。巧妙地运用“明知故问”的技巧，不但可以避免很多麻烦和误会，还能引导别人多多谈论自己，何乐而不为呢？情商高的人，总是擅长“明知故问”，让人乐于向他讲述自己的故事。

3. 提要求，选择别人心情好的时候

如今，社会竞争激烈，很多时候，像“出任 CEO”“迎娶白富美”“升职加薪”“休假旅游”之类的事，都需要我们主动提出要求，才有实现的可能。原地等待，注定只能被时代淘汰。但是，很多人都面临一个难题，那就是：如何提要求，才能得到回应？

面对不同的对象，提要求的方式也必须不同。面对父母，只要不是太过分的要求，几乎不用我们太费心思，差不多都能得到满足。但是面对其他人，又该如何呢？

至少，不能在对方心情不好，甚至大发雷霆的时候向他提要求吧。从生活中的小常识也能知道，当一个人心情大好的时候，他的慷慨总是要超过他的平均水平的。

孙正龙来公司两年了，做事一直很踏实，也很敬业，老板没少在同事

面前夸他，可令他郁闷的是，工资始终不见涨。眼看新来的都涨薪了，他心中焦急万分。

找老板加薪，这个想法在他脑海里已经盘旋很久了，可他就是不敢和老板说，担心引起老板不满，失去工作。一天，同事陈刚说起自己加薪的事儿，说老板很容易就同意了，都不用他怎么开口。这给了孙正龙很大的鼓励，找老板谈加薪的心思更强烈了。

于是，他专程找了一个空闲的时间，将自己的工作经历、工作计划等，全都整理了一遍，然后拿起一份资料，假装着要和老板谈事情，就进入了老板的办公室。

没想到不到十分钟，他就垂头丧气地出来了。原来，他刚进去的时候，老板正好在电话里跟他老婆吵架，挂了电话，还是臭着一张脸。但孙正龙坚持将自己加薪的想法道出，结果，气得老板差点儿没把烟灰缸扔他身上，他只得先退出来。

同事知道后，苦笑道："你得找个老板心情好的时候去，相信我，下次等他心情好的时候你再去，保准儿能成功。"听了同事的话，孙正龙开始暗暗留心。果然，两天不到他就抓住了机会，老板与老婆和解，高兴之下，愉快地答应了孙正龙的加薪要求。

人都是情绪化的动物，高兴的时候，往往都愿意与人为善，而不高兴的时候，哪管你洪水滔天。人的判断力极易受到情绪波动的影响，比如，上班迟到，被上司抓住狠狠地批了一顿，这个时候，若是再被同事取笑，两人就很可能爆发武力冲突；又比如，一不小心买彩票中了2000万大奖，恰巧遇上往日的"生死大敌"，说不定还会对他微笑。

美国心理学家艾杜亚多·安德雷德在《心理科学》上发表过一篇研究报告：据研究显示，当人们在对方心情好的时候提出要求时，对方一般情况下都会给予满足。但是，如果对方知道别人利用了他的情绪，那么下一次，即使他的心情很好，也不会再满足要求了。因此，视对方心情提要求，也要注意方式，不能让对方有被“利用”的感受。

这就是情绪的力量。大多数人都是这样，高兴的时候，整个世界都是明亮的，处理问题也更爽朗；不高兴的时候，眼中的一切都是灰暗的，连太阳都显得刺眼。

职场中的精英，大多会把“老板今天心情好吗”这句话挂在嘴边；恋爱高手，时时注意心上人的情绪波动；销售大师，关注客户的每一个举动和语气的变化。情商高的人，总会特别在意别人的情绪变化，他们几乎不会在对方心情不佳的时候，主动凑上去触霉头。善于运用别人的情绪，让他们在不知不觉中满足我们的要求，这才是明智之举。

然而，在我们身边，有很多人却不是这样。他们总是以自我为中心，以为所有人都要围着他们转，在向别人提要求的时候，只管自己开不开心，方不方便，丝毫不顾及对方的感受以及状态。结果不言而喻，既得不到对方回应，反而恶化了彼此的关系。

这样的例子，尤其发生在热恋中的情侣身上。比如，一些女孩子从来不管男友的情绪变化，只要自己高兴了，想要什么东西了，就死缠烂打地向男友索要。结果，不但自己的要求得不到回应，往往还会引来对方的一阵恶语相向，更甚者就此分手。

遇到这样的问题，很多人会说，这是男友的问题，不珍惜自己的女友。其实不然，这是情商低的表现。向别人提要求，本来主动权就在对方身上，自己是被动的一方，自然需要考虑到对方的心情变化。如果忽略了这一点，欲反客为主，那就是愚蠢了。

总之，我们要学会“利用”别人的情绪。情绪是一个人的晴雨表，高兴的时候，相对地就会变得好说话，反之，就会让人难以接近。向别人提要求，本质上是一种索取。所以，在对方高兴的时候，成功的概率总是要高过对方不高兴的时候。不过，需要注意的是，人都不喜欢被“利用”，一旦别人察觉我们利用了他的心情，就容易起反效果。

当然，如果我们实在无法掌握对方的情绪，但又急着提出要求，那么我们就可以采取一些迂回的战术。比如，我们可以在提要求之前先赞美对方一番，让对方在我们的带动下，心情好起来。讲个幽默段子、说个冷笑话作为开场白，都是不错的选择。

4. 对方说“欢迎提意见”，但你别真的去提

形形色色的客套话，我们已然屡见不鲜。初次见面说“久仰”，征求意见说“指教”，求人帮忙说“劳驾”，求人方便说“借光”，借自己抬高别人就说“托您的福”。当然了，还有充满了“陷阱”的“大家有什么意见尽管提出来，我一定从善如流”……

赵志强的女友是一个性格要强的人，平日里只允许别人说她的好，听不得别人说她的不好。所以明知道她身上有很多缺点，赵志强也从来不提，生怕惹她生气。

有一次，两人从电影院里出来，兴许是满足了她长久以来的心愿，心情大好之下，她就问赵志强：“你说，跟那位女主比起来，我身上还有哪些不如她的地方？”

赵志强一听，想了一会儿，觉得她不是在开玩笑，就放下顾虑，说道：“你其实已经很好啦，不过，如果能更勤快一点，偶尔做个饭，打扫一下房里的卫生，那就更完美了。毕竟这些之前都是我在做，男人手脚笨拙，家里缺了一份女性美啊。”

本来，他已经尽量用委婉的语气了，然而，当他把话说完之后，女友的脸色依旧黑了下来，说了一句：“这么说，你是嫌弃我不会做饭了，那

你去找个会做饭的吧，我可伺候不了你这位爷。”说完，她提着包包转身就走，任凭赵志强怎么哄都不管用。

情侣之间相处，当对方让我们提意见、指出他身上的缺点时，我们一定要分外谨慎，摸清楚对方的真实意图。如果对方只是随口一说，那么我们最好不要犯傻，平白使对方不高兴。在这一点上，很多男孩子就因为情商低惹怒了女孩们。

事实上，不只是情侣之间，在其他的人际关系中，“意见”也不是能随便乱提的，很容易得罪对方。比如，很多人就经常吃领导的亏，明明是领导让提意见，结果提了之后，又惹得对方不高兴，落得个被穿小鞋的下场。这就是没能明白领导的真实意图。

很多时候，领导口中虽然说着让我们提意见，其实，他们内心真正的想法是：没什么问题的话，就按我说的去做，如果实在有问题，你可以告诉我，然后按我说的去做。也就是说，领导真正的意思，就是让我们服从，听从命令，而不是真的提意见。

在一次公司会议上，老总王磊下达了一份任务，并附上一份具体的工作计划，末了还问大家，有没有什么要补充的，欢迎大家提出指正的意见。新经理宋应国不明就里，腾地一下就站起来开说了，拿着那份工作计划一条一条地捋，一条一条地提意见。

虽然他的语气很委婉，措辞也很严谨，但王磊的脸色还是变得有些难看。等他说完之后，王磊只说了一句：“嗯，宋经理说得很有道理啊，下次制订计划的时候，可以放心地交给你了。”然后，继续让大家按照原有的计划做事。

事后，有老前辈告诉宋应国，他的行为很冒失，老总给出的那份计划虽然不一定是最好的，但一定是深思熟虑过的，并且已经确定了，根本不可能随意更改。而宋应国的行为则很容易被视为是轻率、年轻气盛的表现，容易得罪上面的领导。

与人交往，客套话是不能信的，至少，不能全信。但我们中的一些人就是很单纯，当别人让他们提意见时，竟然诚心诚意地真去提意见了。于是，就有很多人开始抱怨：明明说好让我提意见，结果提了又不采纳，反过来怪我事儿多？当然，这还算是“善终”的。还有一些人，他们给上司、领导提意见后，往往给自己“提”来了一只小鞋。

绝大多数打出“欢迎给我提意见”这块招牌的人，实际上并不能真正做到从善如流。如果我们当真傻傻地去提意见，很可能我们的善意在对方看来，不过尔尔。这样一来，我们不但很冤枉地给人留下一个不好的印象，还费力不讨好，影响了自己的人缘。

有道是，人家跟你客气客气，你千万不要不客气。很多时候，对方让我们提意见，不过是为了在面子上过得去，又或者规章制度、工作流程如此，不得不这么做，可不是真的让我们提意见。如果我们听不懂这层弦外之音，“傻白甜”似的跑过去提一大堆意见，哪怕提得再好，也很难发挥作用。甚至更有可能，为我们自己带来不必要的麻烦。

已经成年的社会人，都有自己的世界观，对事物都有一套自己的看法，又有谁会真正需要别人的建议呢？排除客套话的成分，那些希望别人给自己提意见的人，其实不是希望听到别人的建议，而是想听到别人对自己的理解和支持。

“千穿万穿，马屁不穿”。人际交往中，人们大多喜欢说客套话，因此，在给别人提意见之前，我们一定要先弄清楚对方的真正含义。即使对方是真心让我们提建议，我们也需审视二分，不要将话说得太直接。总之，不要随便给人提意见，一个情商高的人，永远不会直接指出别人的缺点。做个知趣的人，听懂别人的弦外之音，这才是可爱的人。

5. 情商高的人，会给予对方足够的尊重

“周末有时间吗？一起吃个饭吧，离开学校后，我们许久未见了。”

“不了，这周比较忙，可能加班。”

与人交往，难免会碰到一些拒绝我们的人，有的人被拒绝后会继续邀请，而有的人则是摇头退走，叹息道：“唉，他变了，我也变了。”

其实，很多人不知道，那些拒绝我们的人，有的人是真的很忙，而有的人，只是需要我们再三邀请罢了。很可能，对方在拒绝我们的时候，心里期待的是我们第二次的邀请。如果我们没有刘备三顾茅庐的毅力，就有可能与对方失之交臂，平白浪费机会。

公司即将举行一场优惠活动，林亦汐正好在跟一位客户谈一单大单子，还差那么一点点才能谈成，就想邀请对方参加这次活动，借此来促成单子的签订。

“梁先生吗？是这样的，我们公司将要举行一个‘VIP客户酬谢大礼包’的活动，参加的话将有机会享受七折优惠，我给您报名好吗？”林亦汐小心地措辞。

“这样啊，真不巧，我现在在美国商谈一个项目，不一定有时间，这样吧，周末再给我打电话，到时候我看有没有时间。”说完，电话那头就传来“嘟嘟”的忙音。

通常，这就是拒绝的意思。但林亦汐并不气馁，等到周六，她再次拨通对方的电话：“梁先生，您考虑得怎么样了？要不我这边先替您提前订好机票，您慢慢考虑？”

“啊，是小林子啊，真不好意思。是这样，我这边的合同也到了关键的时候，最迟也就这两天。要不这样，我晚点儿再打给你。”电话那头的

语气明显有了变化。

林亦汐双眼一亮，说道：“那这样吧，梁先生，我把活动的具体时间和地点先发给您看一下，您也可以以此作为参考，具体安排一下时间，您看行吧？”

“也行，你发过来吧。我先看看，如果可以的话，我肯定会参加的啦。”

“好的，我立刻发给您，您查收一下。”接下来，林亦汐趁这个机会，又将这次的活动进行了详细的介绍，并竭力邀请梁先生一定要到场。

最终，就在当天下午快下班的时候，那位梁先生主动给林亦汐打了电话，告诉她自己的合同已经搞定了，可以参加这次酬谢活动了。放下电话，林亦汐会心一笑。

事实上，生活中那些被人拒绝了一次又一次，仍然打起精神“再战”的人，往往最后都能达成目的，得到自己想要的东西，反倒是那些退得干脆的人，最终可能一无所获。很多时候，对方拒绝我们，并不一定是真的想拒绝我们，只是借此自抬身价罢了。

人们常说，越是容易得到的东西，越是容易弃如敝屣；反之，越是求而不得的东西，越是向往和追求。人际交往也是如此，对于那些平常就容易见到的人，我们往往并不会太重视，而对那些再三邀请，对方却找各种借口一再推辞的人，反而倍加看重。

正是出于这一点，很多人在面对别人邀请的时候，通常不会一口答应下来，都会趁机摆一下架子。换言之，表面上的拒绝，并不代表对方内心的真实想法。

在工作中，我们难免会和一些地位较高的人打交道，被拒绝是常事。这个时候，我们就需要分析一下对方的心理，看对方到底是真的拒绝我们，还是想让我们多邀请他几次，好让他的“出场”变得与众不同。如果是后者，我们就要拿出最大的诚意，给予对方最大程度上的尊重，满足对方爱面子的内心需要，多争取几次，对方自然就会答应了。

在“三顾茅庐”的故事中，诸葛亮为什么一定要刘备跑三次才肯出山呢？难道当真是玄而又玄的“天命不可违”？当然不是，以诸葛亮的料事如神，对天下大势早已看透，心中早就认定自己将来要追随的主公非刘备莫属。他之所以端架子，摆出拒人千里之外的样子，无非是想通过此行为来试探刘备的诚意，也显示下自己的“格调”。

每个人天生都有着虚荣的心理，希望别人能够重视自己，而最常见的让别人足够重视自己的办法，就是有意无意地拒绝对方。比如小孩儿要吃糖，我们总是不自觉地想多逗逗对方才肯把糖给出去；又比如明星们接到大导演的出演邀请，哪怕当时他很闲，也会装作很忙的样子先看看行程规划，然后才勉为其难地答应对方。这是一种处世的智慧。

因此，被人拒绝不要灰心。正所谓“张良拾履得真传”，面对“再三刁难”的人，我们要懂得看透他的真实想法，也许对方真的只是在“考验”我们。一个情商高的人，往往有着三顾茅庐的精神，懂得给予对方足够的尊重，进而让对方无法再拒绝自己。

6. 听到这些拒绝的暗语，别再死缠烂打

“我再给你倒杯茶吧。”

“要不，我们看会儿电视吧，最近电视还挺好看的。”

“你还要喝水吗？”

生活中，与人打交道时，我们常会听到一些社交暗语。情商高的人，能够读懂这些暗示语，所以他们与人交往，总是游刃有余，深受欢迎。反之，

一个人如果不懂得辨别这些暗示语，就很容易给人留下“不知进退”“呆头呆脑”的负面印象。

比如，我们去别人家做客，主人频繁劝我们喝茶或提议看电视时，我们就该告辞了。人总是在感到无话可说时，才提醒别人做一些无关紧要的事。

很多时候，这些暗示语有利于传达双方的一些不适合明确说出来的信息，通过委婉的语言暗示或动作表达，可以使双方心照不宣，也避免了可能出现的尴尬。但是，如果我们看不懂这些暗示语，就可能影响彼此的交流，使现场氛围陷入一个难堪的境地。

曾世全是一名房产销售，有一次，他向一位客户推销房子，刚开始的时候，对方还非常耐心地听他讲话，时不时还向他咨询一些问题。通过客户的反应，曾世全断定，这人是一位真正想要买房的客户，于是大感振奋，就更加滔滔不绝地向对方介绍起来。

大概过了半个小时，客户开始表现出不耐烦了，不时地看向自己的手表。可惜的是，亢奋中的曾世全只顾着自说自话，介绍房子，全然没有注意到客户的这番表现。

又过了几分钟，客户开口了：“小曾啊，你说的我都知道了，这样吧，有没有附近楼市的一些资料，我先拿回家琢磨琢磨，如果看到合适的，我再来找你，行吧？”

“先生，如果您真有购房的意愿，不如这样吧，我现在就带您过去看看，反正离这儿也不远，挺方便的。”曾世全没能听出客户的弦外之音，还拼命地邀对方看房。

终于，客户听不下去了，抽身就走，同时说道：“你这小伙儿是新来的吧，哪有这么心急让人看房子的，我都跟你说了，自己先看，有合适的再找你，还说个不停。”

事后，经理知道了这件事，对曾世全说道：“你这个傻瓜，客户说要拿资料回家看，其实就是购房意愿不明显的意思，你还一个劲儿缠着对方，肯定惹人生气啊。”

其实，不只是销售行业，各行各业，针对不同的交流对象，都有相应的暗语。比如，女孩子对一个男生说“你干吗呢”，实际上她想说的是“我想你了”；当一个领导对员工说“年轻人好好干”，其实是告诉年轻人，“你还年轻，就先忍着吧，路还长着呢”。

再比如，我们在面试的时候，也会听到“你的情况我们已经初步了解，如果没什么问题的话，您可以回去等候我们的通知”。这就是暗示我们面试已经结束的信号，聪明的求职者就会主动收拾东西，然后离开。如果继续坐在那里发愣，只会给自己减分。

人际交往中，很多话是不适合“明刀明枪”地说出来的，必须采用一些委婉的手法，否则，只会引起大家的尴尬。于是，所谓的暗语、行话也就应运而生了。听懂这些暗示，需要一定的悟性以及丰富的社会经验。不懂这些，与人交流时就会举步维艰。

虽然在通常情况下，人们都更喜欢直截了当地表述自己的思想，但有些情况下，面对有些事情的时候，人们因为不好意思或羞于直接说出口，就会采取一些不鲜明的方式，或是通过某些动作，或是通过某些语言。总之，生活中离不开暗示，学会读懂暗示，就能避免我们在人际交往中的许多尴尬，让我们少一些唐突，多一些轻松和愉悦。

因此，大多数人在交往的时候，都喜欢聪明的人，喜欢有眼力见儿的人。一些不方便直接说出口的话，通过我们的一点小小的暗示，对方就能明白我们的意思。

我们把这样的人叫作知趣，懂得什么时候该怎样做。反过来，傻头傻脑，对这些暗示无动于衷的人，常常会让人感到难以相处。恋爱中，他们会被认为不解风情；职场里，他们会被认为没有前途。总之，在人们眼中，无法读懂别人的暗示，是情商低的表现，人们是不太愿意与这样的人过多交往的。

7. 安慰失恋的朋友，不要说“是他配不上你”

失恋，几乎是每个人都会经历的事。对绝大多数人来说，失恋都是一件痛苦的事，所以当一个人失恋的时候，身边的亲朋好友总会忍不住予以关心以及安慰。

然而，很多人在安慰的时候，却常常说出一些不太恰当的话。比如，“别难过了，你是个好女孩儿，是他配不上你”。这是出现在失恋安慰语录上最多的一句话，却不知，它实在不应该用来作为安慰之语。它带给被安慰者的，绝不是暖心，而是讽刺。

朱晓玲的闺蜜徐爱云最近失恋了，听到她在电话里哭得不成样子，朱晓玲倍感心疼，特地向上司请了一天假，前去陪伴闺蜜，希望她能够尽快从悲伤中走出来。

两人又看电影又吃饭，还去商场大买特买，然而，当走到一处公园的时候，徐爱云还是忍不住哭了起来。

“你知道吗？就在一周前，我跟他还在这里一起看星星，打量来往的行人。你说，我对他这么好，为什么他说变就变了呢？说分手就分手，一点机会都不给我。”

看着闺蜜这个样子，朱晓玲想也不想，脱口而出，说道：“亲爱的，别哭了，是他配不上你，你这么漂亮，相信姐们儿，改天给你介绍一个真正的男神。”

谁料想，听了她的话，徐爱云却沉默良久，然后认真地说道：“不，亲爱的，你不能这么说他，不管怎么说，我还是爱他的，在我眼中，他就是最好的男人。”

感情的事，最是微妙，说不上谁配不上谁。如果我们这样说，等到对方冷静下来，也许心里会想：毕竟他是我爱过的人，你说他配不上我，难道是变相地说我的眼光不行吗？为什么之前我俩好的时候，你不告诉我这些？所谓“说者无意，听者有心”，这些看似安慰却不中听的话，很有可能会让对方胡思乱想，进而影响彼此的关系。

而且，更令人尴尬的是，万一他们将来言归于好了，我们夹在中间，叫人怎么想？岂不是尴尬？因此，别再对失恋的朋友说“他配不上你”，也不要说“我真高兴你甩了他，我从来就没喜欢过他”这样的话。那样一来，朋友就会怀疑，他俩在一起的时候，你的称赞是不是假意恭维，甚至更进一步，怀疑彼此之间的友谊是不是也是虚情假意的。

我们可以说：“让大家都看到你的坚强，离开他你也可以过得很好。”还可以说，“这是他的损失，离开了你，上哪儿去找这么可爱的人儿”这样的话。这不但体现了我们的关心，而且也留下了转圜的余地，即使将来真出什么意外，我们也可以再次从中调停。

失恋是件痛苦的事，对于失恋的人，我们应该好生安慰，但要是这个节骨眼儿上说错了话，那就是雪上加霜，火上浇油，让对方更加痛苦了。轻率地评价朋友原来恋人的好坏，难免会冒犯对方。因为如果她还爱着那个人，又或者恨透了那个人，而我们又恰恰说了相反的话，那么我们在朋友心中的印象就会大打折扣，与其这样，不如不提他。

甘婷婷和她相处了三年的男友分手了，长期的两地分居，让男友难以忍受。

甘婷婷心里非常难受，这是她的第一位男朋友，从大学到现在，本以为能走进婚姻的殿堂，没想到还是没能开花结果。甘婷婷的闺蜜童亚楠知道了这件事，决定把她从失恋的“深渊”里拉出来。

童亚楠说：“你要赶紧振作起来啊，你知不知道我们几个有多着急，都等着你跟我们出去呢。”甘婷婷说：“我现在没有心情，失恋的滋味真不好受。”

童亚楠又接着说：“你不要这么想，他放弃了你是他的损失啊，你这么漂亮，又有稳定高收入的工作，一定能在以后找到更好的。”

“嗯，好，你放心吧，我会很快振作起来的。”甘婷婷说。

每个人都有每个人的性格，同样的安慰方法并不适用于所有人。有的人失恋后会希望朋友像往常一样待在身边，像往常一样说话，像往常一样动作，不想看到别人的眼里充满了怜悯，那会让她更觉得自己可怜，甚至为了不想被别人另眼相待，朋友很有可能会不让太多的人知道自己失恋了。而如果你是知道的少数人之一，那么就请你更加装成若无其事的样子，因为她相信你不会说出去，才会跟你说。

有的人个性纯真，很有爆发力，而且不会压抑自己的感情，这样的人一旦失恋了，情绪积累到一定程度时，就会如同火山一般爆发。这个时候，你不妨陪他去 KTV 大唱伤心情歌，让他们发泄自己的情绪。

朋友失恋，作为朋友的我们应该带着朋友找一些有意思的事情去做，让朋友感受到即使失恋也有很多关心她的朋友，让她心里感受到温暖。我们应该本着少说话的原则，帮助朋友恢复精力，振作起来。

面对失恋的人我们要做的就是给予安慰的时候不要融入太多的个人喜好，不数落对方前任的好坏，帮助对方分散注意力即可，具体的振作还是要看当事人自己的心理排解能力，外人若是过于心急有可能适得其反。

8. 察言观色，懂得别人的暗示

通常情况下，人们都不喜欢说谎的人，拒绝被欺骗。但在特殊的场合下，人们喜欢谎言要多过实话。比如，当一位女士千挑万选，选中一件衣服的时候，她希望听到的是别人的赞美，哪怕这“赞美”并不符合事实，也好过那些不中听的“真实感受”。

有一次，薛慕华约客户在咖啡厅见面，商讨一份合同的签署情况。但是见面后，薛慕华并没有直接谈合同的事情，而是先谈起了那位客户的老公。

谈话中，客户一直在说自己老公的各种优点，只听她说道：“我老公很厉害的，他会给我写诗，古体诗、现代诗他都会写。他还会陪我一起健身、运动，他网球打得特别好。最关键的是，他特别尊重我，只要我一生气……”

看到客户滔滔不绝、眉飞色舞的样子，薛慕华心里有数，羡慕地说道：“真羡慕您有这么好的老公，平日里他一定舍不得让您受到一丝伤害吧，您真是太幸福了。”

客户也笑道：“也还可以啦。你不知道，他这人特别心软，我有时候做错事，只要作势欲哭，他肯定一句责骂的话也说不出来，还反过来安慰我呢，你说他傻不傻？”

“那也是您值得被他呵护嘛。你看现在好多的夫妻，三天两头儿不是吵架，就是闹着离婚，比起他们，您和先生真是太让人敬佩了，都是真正深爱着对方。”

“那倒是，我先生真的很爱我。当然，我也深爱着他。”客户笑意更浓了。

最后，非常轻松地，薛慕华就让客户在合同上签字了。

情商高的人，懂得看场合说话，知道什么时候说什么话比较合适。当别人兴冲冲地把他好不容易才选出来的精品商品拿给你看，将自己的奋斗成果展示给你看时，希望听到的是你祝福、赞美的话。在这种时候，就不要吝惜我们的赞美之词，首先送上我们的惊叹，是最好的选择。至于那些煞风景的话，即使本身没有错，也不要立刻就说出来。

有的人遇上这样的情况，往往不知变通，傻傻地据实交代："可以倒是还可以，但我觉得这种款式和你本人不合，你穿着有点儿土气。"诚然，这个评价可能很客观，也很有见地，但实在难以让人心情愉悦，只会让人感到沮丧。

实际上，赞美的词即使夸张泛滥，也不会令人打心眼儿里厌烦，但负面的语言，即使公正客观，也很容易让人受到伤害，破坏谈话氛围。

另外，想要成为一个情商高的人，还要懂得时机的重要性。时机一到，赞美的话、积极的祝福，就要第一时间送上，否则，错失良机，它们的功效就会大打折扣了。

看新闻、读历史时，我们往往会有这样的感悟：每当一个国家新成立的时候，最先与其建交的国家总能得到更多的优待，就连历史记载也更加详细。为什么？说白了，表达友好的态度是要赶时候的。时候不对，哪怕一样的付出，结果也是天差地别。

谭亚伟的老板是个很传统的老头儿，上班从来都是穿着正装，不苟言笑。有一次，谭亚伟发现，老板竟然穿了一身时髦的衣服，整个人的气质瞬间大变。

谭亚伟当即赞叹道："老板，你今天可真是穿出了新气象，整个人年轻精神多了，一眼看到你，还以为看到了哪个年轻小伙呢，看样子，等会儿有好事发生啊。"

老板一听，笑得眼睛眯成了一条缝，道："你真的觉得我这身儿不错？等会儿下班我要陪女儿去见她男朋友的家人，我们约好今晚一起吃饭。本来还担心自己穿得不合适，听你这么一说，我就大大放心了。好小子，我记住你了，好好儿干，我看好你。”

把握时机，抓住别人的暗示，应景地说些好听的话。这并不是拍马屁，只是让我们与他人相处更融洽的一种方式。实际上，当别人为自己的某项成就而自豪时，及时地送上我们的祝福，本就是一种美德。说话不应景，平白给人添堵，反倒不是什么美事。

这就好比，路上看到一对新婚夫妻正在拍婚纱，男女双方都露出幸福的笑容，这个时候我们跑上去对人家说，“唉，你们怎么在这里拍婚纱啊，这个地方特别逊。”哪怕我们说得再有道理，说得再怎么实诚恳切，想必对方也是憋着一口气，恨不能一顿老拳打过来。但如果我们随口送上一句“哇，好漂亮的婚纱，好漂亮的新娘”，那结果又会不同。

一些人出于对溜须拍马的厌恶，很多时候为了“老实”而老实，完全不管场合，一味地说实话，这样做只会给人留下“嘴欠”的负面印象，无助于他们的人际交往。

学会察言观色，做一个情商高的人，当别人高兴的时候，当别人有所成就并为之自豪的时候，不要吝啬我们的赞美，也不吝啬我们的祝福，这才是真正的智慧之道。

9. 错了，立即道歉而不是辩解

犯了错，就要立刻道歉，而不是做无谓的辩解。真诚的道歉，能够证明我们有改过之心以及内疚之心，能给人留下好的印象。辩解，只能令人反感，认为我们缺乏担当，不敢正视自己的错误，更没有改过的诚心和决心。因此，懂得道歉的人，往往比死不认账、只想着“辩解”的人要可爱得多，也受欢迎得多。很少有人喜欢有错不认、不改的人。

有一家生产彩色电视机的工厂收到一位用户的来信：“正看着电视，突然在荧光屏上出现一道白烟，随即图像消失，这是怎么回事，你们会负责解决吗？”

工厂很快重视起来，经过检查发现，原来问题出在进口的滤波电容器上。有的同志算了一笔账，按照一年售出8万台电视机的出货量，其中有40台出了毛病，返修率不过万分之五，远远低于国家规定的标准，完全可以不予理睬。然而，该厂的领导却认为，虽然这份数据对厂里来说是万分之五，但是对于买到这“万分之五”的用户来说，却是百分之百。因此决定把卖出的8万台电视全部召回，为用户换下滤波电容器。这涉及28个省、市、自治区，想要挨个换并不容易。

有人主张，找上门的就修，没找上门的就算了。厂长不同意，最后，他们组织该厂在全国的126个维修点出面，在当地报刊电台上登广告，首先向广大购买者道歉，坦承了自身的错误，然后希望买了这批电视机的顾客，一律到维修点免费更换电容器。

最后经过核算，维修这批电视机的费用花了100万，却赢得了对用户负责、质量第一的好名声，从而赢得更高的信誉，次年的出货量猛增了数倍。

做错了事，就要道歉，这是做人的基本道德与底线。“过也，人皆见之；更也，人皆仰之。”每个人都不可避免地会做错事，这并不可怕，只要能够改正错误，及时向他人道歉，还是可以得到别人的谅解的，能够挽回事情的局面。

但如果有错不认，知错不改，反而为自己的言谈举止进行辩护，那就有可能招致对方的反感，甚至是厌恶，进而损害我们自身的形象。人们可以原谅一个改正错误的人，却难以接受一个在错误的道路上坚持己见的人。为错误辩解，只会加深错误的程度。

1970 年 12 月 7 日，正在波兰访问的联邦德国总理勃兰特，前往华沙当年的犹太人隔离区，向那里的英雄纪念碑献花圈。当他献出花圈时，整个人突然跪了下去。

这位 57 岁的反法西斯老战士，跪在了纪念碑前。他的随同人员惊呆了，这个出乎意料的、未在日程安排当中的举动，让他们一时手足无措。而周围的波兰官员和民众，却被这突如其来的举止深深震撼了。各国记者们在短暂的愕然之后，纷纷高举相机。

“二战”后，世界上意义最重大的一瞬间，在此刻定格，所有爱好和平的人民心头，都激起了强烈的、恒久的震荡。

勃兰特说：“死难者撕痛了我们的心，对他们没有人能不悲伤。”

他还说：“对事实的回避会给人造成错误的假象。要面对历史就不能容忍那些还没有得到满足的要求，也不能容忍‘秘而不张’……面对百万受害者，我只做了在语言力不能及的情况下人应该做的事。”

还有外国评论家这样写道：“他没有必要下跪，而他却为那些应该下跪而没有下跪的人跪下了，他比那些站着的人更伟大。”

自此，德国彻底从“法西斯”的阴影中摆脱出来，世界人民不再将他们视为战犯的后裔和国度，认错的德国人，成为世界上最可爱的民族之一。

相比之下，死不认错，甚至为了美化自己，还篡改历史，为自己的罪行进行恶意辩护的日本人，却始终得不到世界人民的原谅，当然更得不到受害者的原谅。

无意中伤害了别人，越是及时道歉，越能抚慰对方的“心灵伤口”，相反，如果听之任之，久久不愿道歉，不仅会对别人造成更大的伤害，也会使我们彻底失去对方的友谊。同样的道理，犯了错，道歉越及时，越能帮助我们及时改过，将损失降到最低。

有人认为，道歉是向别人低头，是没有尊严的表现。其实，一味坚持错误不肯道歉，才是对尊严最大的侮辱。道歉，是生活中再平常不过的细节，它不仅是一种行为，也是一种态度，尊重别人更尊重自己的艺术，不但可以弥补过失，还能增进人与人之间的情谊，化解危机。当然，道歉也需要技巧，情商高的人，往往也掌握着高超的道歉艺术：

一是时机的选择。如果我们认识到了自己的不对，就应该立刻道歉。当然，最好趁对方心情愉快、时间悠闲的时候去，效果较好。但如果我们今天犯了错，隔了几天才认错道歉的话，就不应该了。事情过去了才去道歉，人们往往会怀疑我们的真诚度。

二是认错道歉要堂堂正正，不必奴颜婢膝。认错本身就是真挚和诚恳的表示，是值得尊敬的事情，大可不必为此一蹶不振。奴颜婢膝，反而会惹人怀疑和厌恶。

三是态度要诚恳，要坦率。当我们想要对方谅解某件事时，态度是很重要的。我们要坦率地向他说出自己的缺点和错误并表示改正，这才能显示我们的决心。

四是敢于承担责任，敢于担当。既然我们已经做错了，就不需要再掩饰了，勇敢地承担起责任才是获得谅解的最好办法。推卸责任或避而不谈，只能适得其反。

总之，道歉并不是什么低三下四的行为，相反，它最能体现一个人的素养和品质。一个情商高的人，绝不会惧怕道歉，甚至善于运用道歉，提升自己的人格魅力。

第八章

情商高的人待人接物时恰到好处

宴会上离开时，不必和每个人告别

别小看主动打招呼这一个小细节

无论与谁约会，永远不迟到

坦然接受赞美，并及时回馈

借的钱一定要记得还给别人

做不到的千万别答应，答应的一定要做到

1. 宴会上离开时，不必和每个人告别

通常，比较正式的宴会，所花费的时间都比较长，甚至一些饭局应酬，往往也在两三个小时以上。而我们生活中，很多人常常需要东奔西跑，同时应付多个“饭局”，没办法在一场宴会中，从开始待到结束。这个时候，如何优雅地离开，就成了关键。

有的人习惯于不打招呼就走，而有的人，则会跟每一个人碰杯，然后说声“告辞”。其实，这两种离场方式都有些欠妥。情商高的人，往往不会和每个人都告别。

有一次，何志锋与戴旭强一起参加经理主办的宴会，宴会从下午6点开始，一直持续到晚上10点多，仍然没有结束的意思。看经理的意思，似乎吃完晚饭后还要唱歌。

但何志锋却很着急，因为他的女友恰好今晚来找他，两人约好要去看电影。女友跟他不在一座城市，平时想要在一起非常困难，因此，何志锋说什么也不想错过这次机会，让女友伤心。于是，他就端起酒杯，跟每个人都碰了杯，然后说出了自己的想法。

本来，他以为自己这么做，是照顾到了大家的面子，应该会得到体谅。哪知，一些人当场开始起哄，“经理，你看小何今天不给你面子啊，我建议，先罚他三杯。”

经理听到这些话，脸色就不好看了。最后，还是戴旭强站出来，替他打圆场，又赔了几杯酒，才算是把这场“玩笑话”搪塞过去，让他顺利脱身。

事后，戴旭强语重心长地告诫他："你也是傻，你要走，跟经理打声招呼，偷偷向他说明情况就是了，干吗搞得大家都知道，这要是有心人想整你，你只能干着急。"

生活中我们可以常见的情况就是，当一场宴会进行得正热烈的时候，有人想中途离开，却又因为不会说话，引起众人一哄而散的结果，使主办人气得火冒三丈。这种闹场的事，最难被宴会主人谅解，一个聪明人遇到这种情况，往往会谨慎而行。

很多时候，宴会中我们需要中途退场的时候，其实只需要跟主办方以及几个关系较好的人知会一声就行了，傻乎乎地跟所有人告别，不但浪费时间，而且容易出事。宴会场是一个人际关系大旋涡，不明白其中的奥秘，我们很容易好心办坏事，搞出幺蛾子。

具体来说，提前退席的时候，我们应该注意以下细节：

首先，在宴会主人邀请我们的时候，我们就应该事先说明需要提前离开的理由，最好是能说明参加宴会时大约可以逗留的时间，这样就可以让主人做到心中有数。

出席宴会的时候，我们也要尽量按约定时间准时到达宴会地点，如果需要晚到，也应提前告知主人，让大家可以先开动起来，以免出现全场等待一人的尴尬场景。

其次，在参加宴会的过程中，我们应当按照酒桌礼节的要求，待主人敬完主宾和重要客人以后，择机向主人敬酒，只有向主人敬完酒以后才可以择机离开。

假如我们已经参加了宴会，需要离开的时候，再着急也要在"酒过三巡，菜过五味"以后再提出来，千万不能刚吃了一口菜就说要走，这会让主人感到非常难堪。

如果我们事先已经和主人说明需要提前离开的原因，那么，离开时就没有必要再向主人告别说明了，只要和身边的一两个人轻轻地说一下，就可以了。

最后，离开时应当爽爽快快。千万不要问其他人，是否需要和我们一起提前离开，其实很多人都苦于找不到早退的理由，我们这种做法很可能把绝大多数的客人都带跑了，让原本热热闹闹的宴会因我们的搅和而提前散场。

如果真的出现这样的情况，哪怕我们是无心之过，或者只是随口一提，也会彻底得罪宴会主人。这是最难被宴会主人所谅解的一种行为，或许，宴会主人还会与我们结下梁子，自此反目成仇。因此，一个有良好教养的人，决不应该犯下如此低级的错误。

另外，如果主人将我们送到了门口，我们就应该马上与其握手告别，让他能在第一时间返回宴会现场，千万别和主人在门口聊个不停，说个没完没了。要知道，这时的主人在宴会期间，还有许多事是需要处理的，有许多客人也需要他亲自出面招呼才行。

离开过后，也并不代表这一切就结束了，别忘了，在第二天一早的时候，主动打个电话给邀请我们参加宴会的主人，再一次地向他真诚道歉。或者有需要补充说明解释理由的，请不要吝啬，坦诚地向他说明，以表示我们的礼貌和礼节，以及内疚的心情。

除此之外，我们还应注意：假如这是重要的公务活动，那我们在赴宴前，就要先摸清主人的脾性、弄清宴会的主题和宴请宾客的范围，再决定是否需要早退，以免得罪对方。假如这是朋友之间礼节性的聚会，我们就可以找机会弥补缺憾，以表示我们的歉意和情谊。

当然了，如果我们是酒宴中身份最高的人，就算去点一下卯也会让大家受宠若惊，那么我们的提前离开，不会有任何人说三道四，甚至还会有人主动帮我们找借口。不过，宴会上约定俗成的规矩，最好是能遵守就遵守，毕竟，这本就是中国的传统文化。

2. 别小看主动打招呼这一个小细节

恋爱中，敢于主动出击的人，总比那些矜持的人更能俘获心上人的芳心。在人际交往中也是如此，不怕被拒绝，主动跟人打招呼，通常能收获友谊。

美国总统特朗普之女伊万卡在人际交往中就是一个敢于主动出击的人。大学的时候，伊万卡就是凭借主动出击，才结识了利曼教授。当时，她虽然从父亲口中得知了利曼教授这个人，也下定决心要去听他的课。可问题是，利曼教授并不参与大学部课程，而她又没有考研究生的打算。为此，她不得不采取非常手段。

她的想法是：如果我主动一些，直接出现在他的课堂上，并努力让他看到我的脸，我就能领先别人一步在他心里留下印象。如果每堂课都如此，再不济，一学期下来也能让他认识我了。抱着这样的想法，伊万卡坚持上课，果然如愿地达成了目的。

前程无忧做过一次“职场处处皆贵人”的调查，其结果显示：职场中，有 48.36% 的人是主动出击建立自己的人际关系网，有 34.22% 的人是通过朋友介绍拓展了人际关系，只有9.82% 的人是被动等待别人找上门的。可见，人际关系的积累，离不开我们的主动。

有道是，机会永远属于主动的人。主动去认识别人，对他人热情，并不是坏事。社会就是一张人际关系网，行走其间，我们不可避免地要同各色的人打交道。尤其是在人与人的交往中，我们不仅要懂得与人交往的技巧，更要有主动出击的勇气。

尤其对一个刚刚踏入社会的年轻人来说，主动向那些比自己优秀的人靠拢，见面时主动打一声招呼，就有很大概率让对方注意到我们，进而展开交流。

不过，大多数人都缺乏这种主动打招呼的勇气，明明只要开口就能完成的事，他们偏偏要想这想那，“对方会不会无视我”“万一他不理我，我岂不是成了笑话”“哎呀，主动跟人打招呼这种事，好失礼”……怀着这样的想法，他们停下了脚步。

勇敢是成功者的墓志铭，“万一”是失败者的通行证。就像很多女孩，她们有心主动出击，拼一把，却又担心自己如果遭遇失败，会被人讥讽。于是就在这迟疑和纠结间，看着别人奋勇前进，最后取得成就。大多数时候，人们对那些失败者嗤之以鼻，殊不知，他们才是人生的开路先锋。小心谨慎是好事，但如果谨慎过头，就是懦夫了。

当然，主动与他人打交道的方式有很多，例如搭讪与递名片，还有主动给对方写信等都可以，还可以根据不同的情境选择不同的方式，只要是适合自己的方式，就能够突出自己的特点，然后被人记住，最后成功。

乔志钧是一家商贸公司的老板，业务面非常广。最近，他一直在争取某服饰品牌的省内代理权，可惜苦于没门没路，又不认识这家公司的老板，进展缓慢。

有一天，乔志钧听说该公司老板会出席一场宴会，为了见到这位老板，他穿戴整齐，在没有收到宴会邀请的情况下，就赶了过去，并想尽办法入了场。宴会上，一大群人围着那个老板聊天，乔志钧则在旁边竖起耳朵听他们讲话。

当他们谈到化妆品市场不景气时，他意识到自己的机会来了，立刻自言自语似的说道:“女人的衣柜里永远都少一件衣服，无论怎样高档的服饰，也不愁找不到消费者，不是市场不景气，是我们的销售出了问题。做服装的，怎么会愁没有市场呢？”

这番话立刻吸引了那位老板的注意，两人整整聊了一个多小时，最后，那位老板觉得和乔志钧颇为“投缘”。两个星期后，乔志钧拿到了该服装品牌的销售代理权。

主动出击，是建立人际关系的关键一步，但主动出击首先需要我们有勇气，敢于和陌生人打交道，对人际关系有最基本的信任。只有敢于同陌生人打交道，我们才具备在陌生环境中生存的能力，也才有机会吸引别人的关注，这是首要的前提。

很多人往往只习惯于熟人之间的交往，对于陌生人，大多采取防备的态度。但我们每天都处在对陌生人的依赖中，过多怀疑别人的动机和意图，一味防范和拒绝，只会将通向社会的门紧闭，甚至使我们成为陌生环境中的被孤立者。更何况，对正常人而言，绝大多数还是善良的，我们根本没必要对他们处处设防，既浪费心力，还会显得无知。

因此，与人交往时，面对不熟的人，不妨主动些。千万不要傻傻地坐等资源上门。要知道，这个世界上的人太多了，在彼此不同的人际关系中，对于有效资源，有人可能比你更加需要，从而捷足先登。当我仍在犹豫徘徊时，人家可能已经得手了。任何时候我们都要主动热情地将自己投入到人际关系网建设中去，抓准目标主动出击，才能“抢占先机”。

3. 无论与谁约会，永远不迟到

约会，对我们每个人来说都是不可避免的事，朋友聚会、工作应酬、相亲会面……通常情况下，一个人在约会中的表现，体现了他的素养和品质，同时，也最容易给人留下直观印象。与人交往，我们在约会中的言行，很大程度上决定了我们的人格魅力。

在约会中，最好也是最基本的品质，就是“守时”。无论在任何约会中，不管与任何人约会，都能够做到守时、不迟到，这样的人往往能得到他人的认同和敬佩。

有一次，香港著名作家梁凤仪应邀前往北京大学做报告，时间定在下午3点。当天上午，她先是参观了中央电视台的一个拍摄基地，之后觉得时间充足，就和基地的领导一起共进午餐。谁知道，在乘车去北京大学的路上遭遇堵车，迟到一小时。

出于对梁凤仪的尊重，主持人再三强调，说：“梁老师迟到是因为塞车。”然而，梁凤仪却大胆地承认了自己的错误，觉得自己不可原谅，她说：“各位同学，我在此向大家诚恳道歉！北京塞车是常事，但我不应该为自己找借口，我应该把塞车的时间计算在内，做好充分的准备。如果在座的有一千位同学，我迟到的这一小时，对大家来说，就是浪费了一千个小时的生产力量，影响一千个人的心情啊！我只能盼望你们的原谅！”

她的话，不仅赢得了同学们热烈的掌声，更赢得了大家发自内心的爱戴。

没人喜欢等待的感觉，也没人愿意看到别人在自己面前耍威风。因为你一时的强势，别人也许可以不计较你的“迟到”，忍气吞声，甚至做出恭维姿态，但如果将来有一天，你无法再强势了，那么对方就很可能秋后算账，将这一切的“不爽”报复回来。

耍弄心机者，得到的永远是别人的提防和同样的“心机”。在人际交往中，通过这种“故意迟到”的方式，来达到让人重视自己的目的，无异于饮鸩止渴。不能严格遵守时间，是对我们个人信誉和完美形象的严重破坏，长远来看，弊远大于利。

冯程是一个大大咧咧的人，平时就不怎么有时间观念，和女朋友相约看电影，十次里有七次还是女友等他。为此，他常常闹出笑话，但屡次劝诫他，他都改不了。

有一次，因为工作中的一些小差错，冯程所负责的一家专卖场扣下了公司的一部分产品，于是销售总监派与卖场熟络的蔡振刚打了个招呼。次日，蔡振刚叮咛冯程说：“我已联系好了，你今天务必亲自去一趟，做一番诚恳的解释。”谁知冯程那天有事情耽搁了，三天后才想起，巴巴地跑去，对方早已火气冲天，当即以“不知此事”作推托。

没办法，公司因为这事受到不小的损失，上面成立彻查小组，最终查到了冯程的头上，认为这一切事情都是因为冯程没有守时，失了公司的信用，卖场感受不到他们的尊重和诚意，越闹越僵，这才导致了公司损失惨重。最后，冯程被公司永久辞退。

守时是一种责任。有人说：“时间就是生命，无端地空耗别人的时间，其实无异于谋财害命。”我们不能浪费自己的时间，更没有权利浪费别人的时间。不能守时，对约会的另一方来说，本就是不尊重的表现。约会守时，守的不仅是时间，更是尊重。

另外，作为一个现代人，无论工作还是业余生活，我们都处在一个快节奏的状态。面对每天的各种事务，如果我们做不到守时，往往意味着我们的做事效率不够。

就像一个新人刚参加工作，需要面试，但他迟到了，不管他有什么理由，都会被视为缺乏自我管理和约束能力，即缺乏职业能力，给面试者留下非常不好的印象。在工作中，绝大多数单位都有按时上下班的规章制度，很多人常常为此吃大亏。可见，守时也是一种规范我们工作和生活的准则条例，甚至已经成为衡量我们做事能力的标准。

面对这样的情况，不守时，我们损失的将不止是一次约会或他人的一句好评，更有可能会影响到我们的工作，使我们的上司对我们失去期望，最终自毁前程。

总之，一个情商高的人，无论做什么事情，都会遵守严格的时刻表，让自己永远显得游刃有余。他们不仅懂得珍惜自己的时间，更时刻注意不白白浪费别人的时间。因为他们知道，一个严格守时的人，总会受到别人的尊重。

4. 坦然接受赞美，并及时回馈

情商高的人，从不妄自菲薄，他们敢于正视自身的优点，坦然接受别人的赞美。当然，在接受赞美的同时，他们也会回赠别人相同的赞美。所谓礼尚往来，其实说的就是这种情况。相互认可对方身上的优点，这不仅仅是素质问题，更是一种涵养。

王玥菲是一个相对腼腆的人，很多时候，面对别人的赞美，她总是显得有些拘束，不知所措，除了一个劲儿地“呵呵”傻笑之外，也不能很好地做出回应。为此，她的好几个朋友都曾对她进行过说教，告诫她这样不利于人际交往，但她并未当真。

直到后来有一次，她跟一个男生相亲，彼此见了面，都对对方的印象不错，约好了一起看电影。途中，男生称赞她不但人长得漂亮，还很朴实，是个好姑娘。当时，她出于不知道该怎么回应，就“哦”了一声，以示回应。谁料想，那个男生却因此会错了意，以为她是对自己没意思了，所以热情不高。在那之后，男生就再也没有联系过她。

得知这个“真相”后，王玥菲哭笑不得，事实上，她对那个男生挺满意的，心里面是有想过跟他交往的，奈何，就因为这个误会，两人没能走到一起。

正常人谁都希望听好话、赞美的话，由此及彼，当别人用这些温暖之词来温暖我们的时候，对方心里实际上也期待着我们的“回敬”，期待我们用同样温暖的话去温暖他们。如果我们总是接受赞美，却对他人无动于衷，便显得自私了。

自私的人，是很难赢得别人认同的。一个情商高的人，从不吝啬他们的赞美，总是慷慨地回馈别人的赞美，因为他们知道，赞美是一种互动，更是一份双向的礼物。只有把它带给大家，让给予者和接受者都能感受到它的魅力，彼此才能信任对方。

肖亚娟和郑飞玲在同一家公司任职，但两人素来不和。有一次，肖亚娟就请求另一个同事梁家栋帮她们做调解人，梁家栋就说：“行，这事儿交给我了。”

之后不久，当肖亚娟再次遇到郑飞玲时，郑飞玲果然变得不同了，既和气又有礼，与从前相比，简直判若两人。肖亚娟大为惊讶，向梁家栋表示谢意的同时，好奇地问：“你怎么说的？竟有如此神奇的效果。”梁家栋说：“我跟郑飞玲说，‘有好多人称赞你，尤其是肖亚娟，背地里说你温柔大方，如果可以，真想跟你做朋友。’如此而已。”

回馈别人的赞美，可以让我们更好地与别人交往，甚至消除彼此间的误会。有的人扭扭捏捏，面对别人的赞美，不敢接受，这并不是谦虚的表现，只会让人觉得你不够大方，缺少正视自己的勇气。更有甚者，还会给人留下一种虚伪、假道学的印象。

坦然接受别人的赞美，然后及时回馈他的赞美，使对方也感受到我们对他的敬意，这才是礼尚往来的真意，也是一个情商高的人必须具备的能力。别人赞美我们，是对我们的尊重和欣赏，是善意的，没有谁的赞美是恶意的，因此，面对这份“善意”，我们也应该做出同样“善意”的回应。有的人不知道该怎么回应，其实，这也是有技巧的。

通常情况下，“回赞”是最好也是适应面最广的回馈别人赞美的方式。比如，面对不太熟悉或关系一般的人的赞美，如果不愿失了礼数，最好的办法就是回赞对方，做到“你好，我好，大家就都很好”。比如，别人对我们说“你真漂亮”，我们就可以回答：“哈哈，哪有，我一直觉得你更可爱啊。”如此，双方都感到愉悦，也显得有风度。

另外，面对比较熟悉的人，如果不想过于客套，想要多一些真诚，我们也可以采取适当的“自夸”，以显示我们对对方赞美的喜爱之情。比如，当对方说“哇，你今天穿得真好看啊”，我们可以这样说：“老娘有穿得不好看的时候吗，哈哈……”这样既显得我们真诚、不设防，对朋友完全没有戒备，也可以侧面烘托出对朋友之言的乐意接受。

此外，还有一种情况，就是面对别人的赞美，或是出于彼此关系尴尬的原因，又或是觉得对方没赞到点子上，总之，不太乐意接受对方的赞美，这个时候，我们就可以采取一种幽默的方式来回应。比如，当别人说“你真漂亮”时，我们可以说：“哈哈，你别闹了，我知道自己像张飞，但不要赤裸裸地说出来啊。”

与人交流，重点在于互动，在于彼此间的讯息互传。当别人赞美我们时，如果我们无动于衷，就会显得无礼，但如果我们“表示”得不恰当，就会伤害到对方，影响彼此关系。因此，面对别人的赞美，情商高的人往往会及时地、恰到好处地给予反馈。

5. 借的钱一定要记得还给别人

网上有句调侃语，说“我凭本事借的钱，为什么要还？如果借钱还要还的话，那以后谁还敢借钱？”乍一看，似乎是在倡导借钱不还，但实际上，却是人们对当下“借钱不还”“小债不清”“欠债的人是大爷，借钱的人是孙子”等乱象的一种变相控诉。

当下，不少人养成了一种恶习，专门找熟人借钱，借了钱还不愿意还，或者觉得钱的金额不大，就不还了。这种行为令人深恶痛绝，以至于很多人现在一听到借钱，二话不说就开始摇头。说到底，还是出于对人心的不信任，担心借出去的钱打了水漂儿。

马艳芳最近心情很不好，缘于两个月之前，大学同学唐艳秋找她借了三千块钱，说是要报一个公务员考试的补习班，等发了工资就还给她。出于同学情谊，她咬牙吃了一个月的方便面，将工资借给了对方。然而，两个月过去了，对方绝口不提还钱的事。

她想：这都是什么人啊，明明借钱的时候说得那么动听，可一到还钱的时候，就打电话不接、发短信不回，整一个失踪人士，把自己当啥了，以后再也不借钱了。

生活中，借钱是常事，谁都有不方便的时候。不管是泛泛之交，还是亲朋挚友，都有相互借钱的时候，涉及的金额也不尽相同，从几块到几千，再到几万甚至几十万。但是，但凡借钱，都得有一个前提，那就是还钱。正所谓，“欠债还钱，天经地义”。

每个人的钱都是辛苦赚来的，没有谁的钱是大风刮来的，人家借给我们，是出于对我们的信任，是拿我们当朋友，我们只应该感谢，绝不能不还。借钱不还，不但伤害了借我们钱的人的心，也辜负了对方的这份信任，以后再想借钱，对方说不定就不愿意了。

借了钱，就一定还钱，体现的是一个人的基本品质，是负责任、讲诚信的表现。人们常说，“君子爱财，取之有道。”借钱还钱，这就是有道，而借钱不还，便是无道，甚至是一种欺骗。从道德上讲，不还钱对不起借钱的人，从法律上讲，则是违法行为。

有的人认为，朋友之间彼此相熟，借点儿钱不还怎么了，难道金钱还能比感情重要？这样的想法，是典型的混淆概念，刻意曲解。感情归感情，原则归原则，两者一码归一码，不能混为一谈。欠钱不还，是一种不诚信、是非观扭曲的行为，不值得容忍。

还有的人会有这样的疑问：“我就借了他一块钱坐公交，一块钱算什么钱，结果他还追着问我要，这是什么意思，掉钱眼儿里了？”因为欠的钱金额过小，一些人就理直气壮地认为不需要还了，如果借钱的人问得紧了，他们还会义正词严地为自己辩护。

这也是不对的。不管欠的钱是多是少，本质上都是一样的。我们还与不还，体现的也是我们的价值观、道德品质，以及做事是否有原则。一个情商高的人，必定是个讲原则的人，他们通常不会违背自己的原则。因此，哪怕就是一块钱，甚至一毛钱，只要是欠对方的，就一定会还上。这既是对对方的尊重，也是自尊。

与人交往，最重要的是一个“信”字，一个讲诚信的人，在人们眼中往往意味着值得交往，靠得住。而欠债还钱，则是一面照妖镜，最能映照出一个人的诚信值。

宋安成是个老实厚道的人，无论在哪里，他的人缘都不错。有一次，他向同事赵卫国借了10块钱买烟，在还钱的时候，赵卫国拒不收钱，说道：“老宋啊，我平时抽你的烟也不知抽了多少，咱俩谁跟谁，这包烟就当我请你的，别客气了。”

但宋安成却坚持要将钱还给他，并说道：“老赵啊，我知道你的意思，不过，咱俩熟归熟，但这事儿不一样，你找我拿烟抽，我找你拿烟抽，那是一回事儿，兄弟之间不客气。但这次是找你借钱，借了钱，那是一定要还的，这是做人的原则，快收下吧。”

就这样，大家都知道，只要是宋安成借的钱，他必定会还。后来，宋安成的儿子娶媳妇儿，全家合力买了一套新房，但算下来还差20万怎么也凑不出来，没办法，只能借钱。结果，宋安成只是在公司里稍微一提，很多同事就毫不犹豫地答应借钱。

有人问：“你们就这么放心？”人家回答：“别人我担心，老宋没问题。”

有借有还，再借不难。欠了钱就一定会还，这是一个人最基本，也是最难得的品质。一个讲诚信的人，哪怕他再怎么不善交流，也能得到别人的信任。

因此，不要觉得彼此关系好，是朋友，有感情，就可以借钱不还。这样做只会伤害对方，伤害这段情谊；也不要觉得金额不大，就可以不还钱，金额的大小不重要，重要的是我们是否讲诚信，是否对自己的言行负责。情商高的人，永远不会为了这点儿蝇头小利，而让自己的名誉受损。毕竟，信誉无价，值得我们谨慎维护。

6. 做不到的千万别答应，答应的一定要做到

“放心吧，兄弟，这事儿交给我了。”

“兄弟，那个……不好意思啊，这件事有点儿麻烦，我可能……”

生活中，总有些人喜欢一拍脑袋，就豪气冲天地做出承诺：“你的事就是我的事”，美其名曰“讲义气”。然而，大多数时候，这些人是答应得爽快，却办事不力。

我们身边不乏这样的人，说得好像什么事儿都能搞定，但常常是答应帮忙后又无奈地发现，自己办不到。最后不但得罪了“兄弟”，还给自己捅出一堆娄子，可谓是费力不讨好，里外不是人。一个情商高的人，通常不会应下自己办不到的事。

陈启强是某县中学的一位教学主任，为了鼓励教学，他向本校的青年教师许诺，要让他们中三分之二的人评上“骨干教师”职称。但他向县教委申报时，发现全县当年没有那么多名额。虽然他据理力争，费了很大精力，但还是没能搞定这事儿。

最后，职称评定情况公布了，众人大失所望，都把矛头指向了他，即使他努力解释，也没人听得进去。甚至有人当面指责他说：“主任，我的‘骨干教师’职称呢？不是说有你在就没问题吗？”从此，他在学校里名誉扫地，最后还被降了职，调往他校。

所谓“言者无心，听者有意”。很多时候，我们的随口一说，就有可能被听者视作承诺，并牢牢记在心里。如果我们实现了自己的承诺还好，但如果没能做到，哪怕我们有千万种理由，在对方心中，也会觉得我们办事不力，拿他寻开心。

承诺是什么？是最高信誉的保障，是一个人责任感的体现。它带给承诺对象的，是无限的希望，是满含期待的等待。一个人如果做出了承诺，那便是一个无法更改的事实，当这个承诺没有实现，或被遗忘的时候，这对承诺对象而言，就是一种欺骗。

有的人也许会觉得委屈：“我承诺的时候，的确是真心想帮忙的啊，可谁知道，世界变得太快，现在办不成了，我有什么办法？谁也不是故意耍人玩儿的啊。”

的确，世界总是在发展变化的，很多我们原来可以轻松做到的事，很可能就因为一个晚上的变化，有了新的难度，而我们根据旧有的认知去做这件事，自然做不成了。事实上，这就是在告诫我们：任何事情都充满了变数，不要随意给人承诺。

不经思考，草率冲动地答应别人的请求，一旦遇到了困难，对方往往不会听信我们的解释，只会对我们感到失望，觉得自己受到了欺骗。因此，即便是我们能办到的事，也不要把话说绝，没必要一说帮忙就拍胸脯，谁也不是超人。在结果没出来之前，先给自己留一点余地，即使到时候真出了问题，也好给自己留条退路，不至于名声扫地。

另外，还有的人，属于典型的死要面子活受罪，为了彰显自己能耐不凡，跟人说自己有多么多么厉害，有关系、有后台云云。最后人家奔着他的吹嘘找上门来求办事，他不好意思推辞，硬着头皮应承下来，最后常常既苦了自己，也没能办好事情。

李盛学就是这样一个人，平时有事没事就爱吹嘘，说自己认识哪个大人物，在哪里有关系、有后台，反正厉害得不得了。吹得多了，他的姑妈大姨们就信了。

有一次，李盛学的大姨提着50个鸡蛋来找他，说是自己儿子大学毕业了，想找个事业机关的工作，看他能不能帮衬帮衬。李盛学一听，当时心里就凉了一截。众所周知，现在事业单位招人都是通过严格的考试选拔，他哪里有这个能耐，就拒绝了。

可大姨就说：“你平时不是吹得震天响吗？怎么这会儿就不行了？莫不是瞧不上你的穷大姨吧？”这话一出，李盛学没招儿，为了面子，他只得硬着头皮答应下来。接下来的几个月里，他几乎跑断了腿，到处托关系找大人物，最后还是一无所获。

自此，大家都知道他以前说的全是吹牛的话，见了面就笑他虚荣。

大丈夫说话，一口唾沫一个钉。既然答应了别人，就一定要做到。如果担心自己可能做不到，就不要随意应承。承诺，是一个神圣的词，也是一把双刃剑。用得好，就能够让人信服自己，拓展人际关系，成为大家眼中的英雄，用不好，那就只能是狗熊了。

因此，面对别人的请求，最好不要轻率地做出许诺，即使你能做到，哪怕对方是你很亲近的人。尽量不要说“没问题”“交给我”之类的话，给自己留一点余地。

同样，当别人拍着胸脯给我们承诺时，我们也不要抱以百分之百的期望。对方能给我们一个承诺并不容易，至少能说明他是在乎我们的，有这份情谊在就够了，即使将来他没能兑现自己的承诺，我们也应该多些理解，不要翻脸不认人，过于苛责对方。

总之，不要轻易做出任何承诺，也不能好大喜功。须知，滥用承诺，不但会使自己活得辛苦，还会导致个人信誉贬值。大而无当、言过其实的承诺，只会让自己陷入被动。一个情商高的人，永远不会承诺满天飞，当然，也不会轻易相信别人的承诺。

第九章

情商高的人，不会临时抱佛脚

不要做一个有事才联系的人

好的关系都是麻烦出来的

锦上添花谁不会？雪中送炭才难得

在别人还没开口之前，就自发地给予帮助

问问自己能为别人做点什么

朋友间互相激励打气，一起为梦想打拼

事没办成，也要说谢谢

制订双赢方案，让彼此的关系更牢固

1. 不要做一个有事才联系的人

人们常说，交朋友不能找“没事不联系，有事电话不断”的人，因为这样的人自私、功利，心里只有自己，没有别人。他们交朋友，与其说是志趣相投，不如说是功利心作祟，期望找到能被他们“利用”的人罢了。因此，这种人是最不值得深交的。

自私功利的人往往不讨喜，然而，生活中，我们很多人却在不知不觉中变成了这种人。当然，他们中有很大一部分人其实并不是真的功利心作祟，只是平时不注意维护自己的人际关系，这才给人留下了这样的印象。可见，好的人际关系需要时常维护，不管不顾，对我们的人际交往是极为不利的。哪怕再亲密的朋友，也别忘了定期送上祝福。

大学毕业后，由于工作繁忙，刘文强很少和朋友联系了。一个月前，他和女友终于决定了婚期，高兴之余，他将这个好消息告知了自己大学时的几名死党，希望他们能参加自己的婚宴。然而，消息发出去后，却没收到兄弟们的回复，一个也没有。

难道兄弟情分已经淡薄到如此地步了吗？看着女友的闺蜜们一个接一个地现身，他有点儿坐不住了，不想在女友面前落了面子，就抄起电话挨个儿打了过去。

“哎，小龙，是我啊，老刘……”

“兄弟，我说，你们这是怎么了……”

一连拨了好几个电话，都没有得到想要的答复，不是“忙”就是“没时间”，气得刘文强狠狠一摔电话，在朋友圈发了条说说：“离开学校，朋友都不做了吗？”

最后，还是关系最好的张晓龙给他留了言：“兄弟，两年了，你都没跟我们联系过，要说忘记兄弟，也是你把我们忘了啊。我们都聚会过七八次了，你知道吗？”

刘文强这才知道，自己这两年的“冷落”，伤了兄弟们的心。可他不明白，自己没有变过啊，依然当他们是兄弟，只是工作太忙，没时间而已，这样也错了吗?

很多人都有这样的误解，认为真正的好兄弟、好朋友，是不需要频繁联系的，正是君子之交淡如水，只要彼此的情谊仍在，哪怕是相隔万里，20 年杳无音信，再见面时也该亲密如初，初心不忘。却不知，感情是需要维护的，冷落太久，一切就变了。

平时不注意维护关系、没有一定的人情基础，一旦大事临头，才慌忙上门求人，这样的人，很难不让人生出这样的想法：他是不是只把我当一个帮忙办事的人，不然，为何这么久不联系我，现在出了事情，却立刻找上门来了，这是把我当傻瓜看待吗?

没有人愿意被人当作傻子，呼之即来，挥之即去，尤其是，对方还口口声声称自己是朋友。同样，就算是大家都彼此利用，也没有人愿意接待这样一个“薄情之人”，自己有用的时候就依附过来，没用了就把人抛在一旁，这是对人的最大侮辱。

做人不能太势利，与人交往不能太功利，与朋友相处不能太自我，有付出才有回报，想要朋友待我们如初，我们就要多付出些关心，想要积累真正有用的人际关系，就要把目光放得长远些。平时不烧香，临时才拜佛，这样的人，即使是佛也不会帮助他吧。

某公司领导决定提拔一名副总，消息一经放出，就引来无数揣测，大家一致认为，这个职位必会落在人力资源部常经理和市场销售部张经理两人其中一人头上。

副总考核的第一项是群众评分，这是很关键的一步，全体员工都有评分权，占了考核总成绩的40%。为此，常经理开始了自己的系列外交旋风，对公司的每个人都笑脸相迎，以博得大家的好感。相较于常经理的忙碌，张经理却和平时一样，不慌不忙。

然而，等到评选结果揭晓时，张经理的群众评分却远高于常经理，常经理很不解：为什么自己费尽了心思，反而还不如没做任何工作的张经理呢？

一位同事不小心说出了答案。

“……他平时总是对我们爱理不理，现在有事了就来讨好我们，谁肯买他的账？张经理平常就没什么架子，和我们处得不错，关键时候，当然选择帮他了……”

有些人平时待人跟路人甲似的，等到有事了才拎着大包小包登门拜访，热情非常。这是非常惹人厌的，人家嘴上不说，心里却会冷笑：我跟你熟吗？你平时不是装大爷装得很投入吗？这个时候，除非对方心情好，可能会帮一下，否则，送多少礼都白搭。

正是风水轮流转，今年到你家。谁都有求助别人的时候，哪怕是家有喜事，需要人气镇镇场子，这也是一种请求。想要别人在这种关键时刻挺身而出，我们就不能忘了平时的关系维护，只有早早建立起一定的人情基础，遇到事情了，人家才会有所回应。

与人交往，是一项水磨功夫，重在经年累月的积累，深厚的情谊都是维护出来的，不时常维护，再深的感情都会变淡。所以，从现在开始，就多注意一下周围的朋友，尽量与他们多联络，永远不要做一个有事才联系的人。

2. 好的关系都是麻烦出来的

有人说，一个人成熟的体现，就是不轻易麻烦别人，能够独立处理事情。于是，很多人就认为，麻烦别人是一件不好的事。然而，现实中这类“好人”的人际关系网，往往很单薄。一个人不需要别人的帮助，就意味着他缺少了建立关系的缘由，注定孤独。

事实上，好的人际关系都是互相麻烦出来的。所谓相互麻烦，就是指的既麻烦别人，也让别人来麻烦自己，这样一来，就为我们提供了一个机会，可以和他人对话、交流、互相帮助和支持。美国国父富兰克林说过：“曾经帮过你一次忙的人，会比那些你帮助过的人更愿意再帮你一次。”换句话说，要使某个人喜欢你，不妨请他帮你一个忙。

富兰克林年轻的时候，有一次，他很想与宾夕法尼亚州立法院的一个议员合作，但这个议员是个铁石心肠的人，之前跟他接触过的人，大多数都被拒绝了。

为此，不少人都觉得，富兰克林注定空忙一场。富兰克林本人却是自信满满，他知道这个议员的私人藏书中有一本绝版图书，于是就向他提出借书的请求。

听到他的请求，议员有些惊讶，不过还是爽快地答应了，他比较欣赏爱看书的人。接下来发生的事就比较有趣味了。当富兰克林再次与他见面时，他主动跟富兰克林说话了，这在以前从未有过。再后来，两人的交往多了起来，直至成为密切的合作伙伴。

这就是有名的“富兰克林效应”：麻烦是友情的开始。从心理学的角度上来讲，人们更愿意帮助自己喜欢的人，而当我们请求对方帮忙时，其实就是在给对方一个暗示："我就是你喜欢的人啊。"于是，对方等于被催眠了，自然彼此也就成了小伙伴……

很多时候，我们要是不去开口麻烦别人，自己在那儿纠结半天，问题永远都不会得到解决，而我们也无法确定，通讯录的一堆名字里，谁是朋友，谁是路人甲。

所谓的关系网，就应该经常互动。你帮我，我帮你，大家都混到一个人际关系网里，谁也离不开谁，这才叫成功。否则，你我偏安一隅，你不"麻烦"我，我不"勾搭"你，这样的人际关系网就像一潭死水，不起波澜，非但做不到"水质清澈"，反而容易滋生"细菌"。

因此，只有经常联络感情，遇事相互"麻烦"，我们的人际资源才能更加丰富，关系网也才能更加庞大，这点是毋庸置疑的。

赵叙伦是一名销售员，有一次，他和老板一起请客户吃饭加唱歌，出来时，已经晚上10点左右。尽管他们费尽唇舌，但客户还是嫌优惠力度不够，暂缓了签约。

出来后，见客户喝的酒较多，担心他开车不安全，赵叙伦就说："我送您一程吧，生意不成仁义在嘛，我们还可以做个朋友。"一听这话，客户觉得这年轻人挺豁达，决意真心交这个朋友。之后，即便生意未谈拢，但两人还是经常来往，时常见面。

一年后，赵叙伦离开公司，自主创业。一天，那位客户来电话，说他们公司需要一批产品，准备从赵叙伦手上购入。紧接着没多久，他又给赵叙伦介绍了新客户。

接连的照顾，让赵叙伦有些不好意思了，就想请客户吃饭，以示谢意。客户却说："请我吃饭没问题，不过嘛，要以朋友的名义啊，不要觉得麻烦我什么的，咱们是朋友，就是要相互'麻烦'才有意思嘛，若分得太清了，那你就是不拿我当朋友了。"

亲朋好友之间，相互熟悉的人之间，不需要分得太清，该求助的时候就大方地向他们求助，不存在什么麻烦不麻烦的。对于这些人而言，我们与他们相互麻烦，彼此的感情才能不断加深。若这也怕麻烦，那也怕麻烦，彼此的情谊反倒会渐渐淡薄下去。

当然了，这并不等于说，既然关系网都是“麻烦”出来的，那么我们只要遇到困难，就立刻去麻烦他人，这也是不妥当的。比如，自己没有钱，想要买辆车，就向朋友借个十几万，不但能开好车，还能省好多钱，这是多好的事啊。

显然，从生活中的实际例子来看，这样的“麻烦”是不能帮助我们拓展人际关系，加深与对方之间的感情的，反倒是个真正的麻烦，只会让人们对我们闻风色变，绕道而行。可见，当我们准备“麻烦”别人的时候，不能肆无忌惮，还是有几点需要注意的。

首先，开口需谨慎，凡事要有度。找对方帮忙之前，先审视一番，这个忙会不会给对方造成真的大麻烦，如果涉及的事件关系重大，超过了对方的能力范围，又或需要对方付出很大的代价，那我们就要三思而后行，不然，别人就会觉得我们居心叵测。

其次，尽量不要涉及金钱之类的利益关系。人际关系是一种感情，一旦牵扯利益，就会变成劳资、雇佣、购买等关系。但凡此类的麻烦，我们都需要小心万分。

最后，麻烦了对方，一定要及时偿还，让对方也麻烦自己一次。麻烦了朋友一次，就算是借了一个人情，人情总要还的，只有将这些人情还清，关系才能更近。

乔布斯说过：“大多数人缺少人生经历的原因，是他们从来不去求助。”总之，改变我们的思维吧，不要怕麻烦别人。与人交往，就像谈恋爱，你中有我，我中有你，才能产生缠绵的情谊。一个情商高的人，懂得在适当的时候，向朋友提出适当的求助。

3. 锦上添花谁不会，雪中送炭才难得

在一个人得意的时候提供帮助，在对方眼中这算不得什么大的恩情，说好听了是锦上添花，说得不好听点，不过是趋炎附势罢了。但如果当一个人失意的时候，我们能够施以援助之手，对被帮助的人而言，这就是天大的恩情，往往会让对方一辈子铭记。

对失意的人予以关注，即使我们提供的帮助很小，只是一个拥抱，甚至一句鼓励，都能令他们牢牢记住我们的恩惠，即便我们在帮助他时不求回报，待他咸鱼翻身的时候，也不会忘记我们当初给予的温暖。可以说，雪中送炭比一切帮助都要珍贵百倍。

钱钟书在写《围城》的时候，日子过得相当窘迫。为节省开支，夫人杨绛辞退保姆，亲自操持家务。就在这时，当时著名的导演黄佐临找上门来，诚恳地与之洽谈四幕喜剧《称心如意》和五幕喜剧《弄假成真》的拍摄并及时支付稿酬，助他们渡过难关。

时隔多年，当钱钟书功成名就之时，众多导演纷纷出高价购买《围城》的影视版权，却无人中标，只有黄佐临的女儿黄蜀芹导演，不仅独得钱钟书亲见，还成功拿下《围城》的拍摄权，这让不少竞争对手唏嘘不已。

原来，黄蜀芹导演在拜见钱钟书的时候，还带着父亲黄佐临的一封亲笔信。正是黄佐临 40 年前的义助，才使钱钟书在 40 年后还不忘回报，将机会给了黄蜀芹。

一个人在最风光得意的时候，身边自然少不了恭维与附和。在这个世界上，绝大多数人都不讨厌与一个功成名就的人亲近，因为待在这些人的身边，无形中也会增加自己成功的机会，比如开发出更加优质的人际关系，

接触更宽阔的舞台，得到更多的机会。

但是，相比之下，却很少有人愿意跟一个落魄的、失意的、困窘的人打交道。因为跟这些人待在一起，不但不能为自己带来什么好处，反而会惹上一身麻烦。所以说，从来都是“富在深山有远亲，穷在闹市无人问”。但是，在别人风光的时候去亲近他，对方会将目光投注到我们身上吗？会在意我们提供的赞美和帮助吗？答案，恐怕是否定的。

社会是现实的，没有谁是傻瓜，大家都知道，风光时聚拢而来的朋友，多是只看到了自己身上笼罩的光环，一旦自己失势，变得落魄潦倒，还能伸出援手，给自己提供帮助的人只是极少数。因此，面对风光时的“锦上添花”，人们通常不会铭记在心。

锦上添花，其实就是面子工程，大多是那些有求于人的家伙玩的把戏，只有雪中送炭才是民心工程，才是真正打动人的工程，它是一个人在最需要、最渴望别人帮助的时候，所给予的莫大支持与鼓励，就像那万里黄沙之中，那一口救命的甘泉一样。

生活中，很多人总是在别人风光的时候，不太需要帮助的时候，跳出来凑个热闹，帮上一把，却在对方落魄的时候，真正需要帮助的时候，选择了袖手旁观。结果是，辛辛苦苦白忙一场，别人不但不领他们的恩情，反而还瞧不上这种行径，可谓徒劳。

范振伟是村里第一批下海经商的人，也是最先富起来的人。但可惜的是，他一辈子没有子女，自己也没什么兄弟姐妹，到老来竟落得个无人养老的下场。但是就在两年前，村里唯一的大学生范利民，却将他接到了自己家，如同亲生父亲一样侍奉照顾。

原来，当年范利民还在初中的时候，父亲外出打工，不幸身亡，母亲跟人跑了，一时间这个少年成了无人看管的孤儿，是范振伟心生怜悯，给他提供了6年的学费和生活费。正因如此，哪怕上大学后他未曾再帮过对方，范利民却始终铭记这份恩情。

做人不能太俗气，不能看到别人发达了，就使尽浑身解数讨好，看到别人落魄了，就立刻玩失踪。一个人的一生，不会永远落魄，也不会一直辉煌，总会有波动起伏的时候。我们要将目光放得长远些，才能令自己脚下的路走得稳当一些。若是表现得太势利，未免失了几分人味儿，也很难收获真正的友谊，更不会得到别人的青睐与信任。

每个人都希望自己在遇到断崖险阻的时候，能有个帮自己架桥搭梯的人，而不是过悬崖的时候无人问津，过了悬崖却有人对他说“你太厉害了”。给濒临饿死的人送一个馒头，和给富贵的人送一座金山，性质是完全不一样的。对后者而言，一座金山不过是可有可无的东西，都不用花心思去记，但对前者而言，给馒头的人，无异于再生父母。

俗话说，多个朋友多条路，人情就是财富。不要吝啬对一个落魄之人的扶持，对于一个身陷困境的穷人，也许一块钱就能帮他渡过难关，而我们收获的却是一份天大的恩情，退一万步讲，即便对方过不了难关，于我们而言，也不过损失了一块钱罢了。

看一个人，不能单纯看他的表面，他今天的落魄，并不意味着他永远与成功无缘。待他凭风而起、功成名就的时候，若我们曾经帮过他，他必会加倍报答。一个情商高的人，永远以投资者的眼光看待需要帮助的人，也永远不会吝啬那一份小小的帮助。

4. 在别人还没开口之前，就自发地给予帮助

“兄弟，那个……我有件事儿想请你帮忙，你看……”

“那个，兄弟啊，你这会儿方便不，我想拜托你件事，方便的话……”

生活中，哪怕彼此关系再亲密，在开口求助的时候，人们往往也会感到不好意思，羞于启齿。更有甚者，连向自己的父母借钱，都会事前做一番激烈的思想斗争。

所谓“吃人嘴短，拿人手短”。向别人求助，在心理上就比别人矮了一截。因此，大多数时候，人们都有些磨不开面子，羞于向别人求助。这个时候，如果我们能够读懂他们的这种心理，在他们还未开口前就主动给予帮助，必能收获他们真正的信任。

20世纪70年代初，陈玉书带家人来到香港。抵港之初，他身上只有50港元，为了一家人的生活，他什么脏活累活都做过，洗碗工、码头苦力、粉刷工……

其中有一段时间，他成了一名“地盘工”，这份工作很辛苦，即使他使尽浑身力气，仍难以养家糊口。每天中午，他总是独自一人就着开水啃面包，为了减轻负担，他和妻子约法三章：“谁也不准生病”。饶是如此，他仍然失业了，生活一下子跌到谷底。

他四处求职，都被拒之门外，偏偏在这时，妻子又怀孕了，无奈之下，只好找医生给妻子做人工流产。可他就连这份医疗费都支付不起，四处奔走，找朋友帮忙。

有一日，他看到一名瘦弱的女士，正吃力地陪一个小男孩玩荡秋千，于是他主动过去帮小男孩荡秋千。事后他才知道，这位夫人是印尼驻香港领事馆某高官的夫人。

不久后，一位印尼华侨朋友在交谈中，无意说到自己手头有一大批急运印尼的货物，但在领事馆办理商业签证时遇到了麻烦。陈玉书就想到了那位相识不久的高官夫人。最后，高官夫人很快就让华侨朋友的货物拿到了签证，并且给他税率上的优惠待遇。

华侨朋友大喜过望，送了陈玉书5万元美金作为酬金。借助这笔钱，陈玉书开创了自己的事业，并一步步成为香港著名的“景泰蓝大王”。

在别人有难的时候，主动提供帮助，不但能免去对方纠结、尴尬的复杂情绪，使对方有一个好的感受，还会令对方对我们印象深刻。但若是先袖手旁观，等待对方求助，再思量是否出手帮助，对方经过开口之前的挣扎和难堪，这份感动就会大打折扣了。

从另一个方面来说，主动帮助别人，对我们而言，其实也是一次自我提升。因为在帮助别人的过程中，我们可以学习到自己尚未掌握的事情以及经验，做到未雨绸缪。可见，当我们决定去主动帮助别人的时候，无形中就已经收获一份难得的人生经验和阅历了。再加上帮助对方所得到的情谊和人情，我们还有什么理由，不去主动帮助别人呢?

从道德层面出发，自发地帮助别人，更是一种美德。这种美德会使我们的形象更加宽厚、善良，还会使我们越发受欢迎。当我们把这种自发性的助人为乐养成一种习惯后，不但身边的朋友会依赖我们，并把我们当成知己和恩人，就连不认识的人，也会在一次次的帮助中，与我们相知、相交，最终拓宽我们的人际关系，扩大我们的舞台。

有一位哲人说过：“为了别人，请把你手中的蜡烛点燃，照亮别人的同时，最先被照亮的肯定是你自己！”同样，赠人玫瑰，手有余香。我们在帮助别人的同时，其实就是在帮助我们自己。现在主动帮助别人，将来我们需要帮助时，对方也会伸出援手。

美国著名作家阿尔伯特·哈伯德曾说：“聪明人都明白这样一个道理：帮助自己的唯一方法，就是主动去帮助别人。”我们需要把朋友关系打造成一个良性循环，自发地帮助朋友就是这个良性循环的开端。正所谓“人心换人心，种树得树荫”，只要我们愿意自发地去帮助别人，那么，我们的人气就会高涨，朋友间的友谊也会变得更坚实。

当然，还有一种情况，那就是当我们主动提供帮助的时候，一定要注意自己的态度，要委婉可亲，切不可高高在上，不可一世。不然，对方多半不会接受我们的帮助，反而会在心里记恨我们，认为我们是趁火打劫。如此一来，就有损我们的个人形象了。

此外，有的人比较警惕，不怎么相信别人，如果我们主动提出帮助他，很可能会引起对方的猜忌，对方会想：这人主动献殷勤，非奸即盗，可能是在图谋我的什么东西。基于这样的心理，对方会拒绝我们的帮助。这个时候，我们就应该后退一步，保持一定的距离，给予对方自由思考、决定的空间。如果强行提供帮助，反而会将好事变成坏事。

总而言之，一个情商高的人，大多心怀大善，面对那些需要帮助的人，他们会在对方开口之前，就主动提供帮助。这样一来，既能使接受帮助的人免于尴尬和难堪，又能使他们铭记于心，收获一份诚挚的友谊，对我们的人际交往而言，可谓一举多得。

5. 问问自己能为别人做点什么

有人说，世上分两种人，一种人成天想着怎样让别人主动来帮自己，如何从别人那里得到好处；而另一种人则是主动帮助别人。前者是索求者，后者是付出者。

生活中，索求者和付出者都不在少数，在绝大多数眼里，索求者也比付出者“可恶”得多。后者通常人缘很好，大家都很放心跟他做朋友，力所能及的时候，也很乐意帮他。但对于前者，态度就不同了。与这样的人做朋友，多会感到心累以及不高兴。

岳庭忠有句口头禅，叫“没有枪，没有炮，朋友帮我们造”。意思是有问题、有麻烦不是事儿，自己朋友多，找他们帮忙就行了。一直以来，他也是这么做的。

然而，他的那些朋友却对此颇有微词。原因无他，实在是岳庭忠找他们帮忙的频率太高了，而且很多时候，一些鸡毛蒜皮的小事都会找上他们。更气人的是，他自己还是个怕麻烦的人，别人找他帮一点儿忙，他总是推三阻四，借口连连，不愿出手。

有一次，他从部门经理那里拿到一个相当重要的任务，由于时间紧迫，便打算找几个同事帮忙，可一路问下来，同事们个个都说自己手头工作紧，抽不出空来。

无奈，岳庭忠自觉一个人力不能及，就向经理推掉了这个任务。经理不悦，将任务转交给了同事项天成。奇怪的是，项天成轻轻松松地就找到了几个同事帮忙。

岳庭忠很不忿，向经理诉苦，经理意味深长地说道：“你呀，平时不爱帮助别人，总希望别人能为你做点儿什么。你想想，以前小李请你一同做项目，你是不是嫌累，推了？小王买房子向你借钱，你怕他不还，也推了？还有小秦，他一个外地人在这里没亲没故，一次生病住院，大家轮流守夜，唯独你没去……但这些人家项天成都做了……”

“经理，您别说了，我明白了。”岳庭忠一脸惭愧，再也听不下去了。

平时吝啬于向他人伸出援助之手，总是想着别人能帮助自己，却对别人的困难处境无动于衷，这样的人，又如何能够得到别人的信任和帮助呢？就算别人能帮助一次、两次，可时间一长，谁都会反感的。一个自私自利的家伙，在哪里都不受欢迎。

我们身边从不缺乏这样的人，平时不怎么和人说话，一副高贵冷艳的姿态，但一遇到什么麻烦事，就跑了东家找西家，干什么？求人帮忙呗！在他们看来，别人帮助自己似乎是天经地义的，不帮反而是罪大恶极。殊

不知，欲取之，必先予之，自己从来不付出，又有什么资格要求别人付出，要求别人来帮助自己呢？所以他们常常是求助无门。

相比之下，那些“给予者”的人缘就要好许多。因为平时就广传人情，在不自觉间已经为自己网罗了一大群“盟友”，待自己需要帮助时，自然是应者云集。

没人喜欢一个总是等待别人帮助的“接受者”，面对这种无穷尽的讨债似的索取，人们只会报以厌恶的眼光。这些索取的人不懂得，帮助是相互的，你帮助我，我才帮助你，没有谁天生就是为了帮助他人而生的。在渴望得到别人的帮助之前，先想想自己有为对方做过什么吗？又能为对方做什么？如果大忙帮不了，是否可以帮点儿小忙呢？

一名禅师在寺院里种了几棵栀子花，花开时，洁白芬芳，香溢满园。

有一天，有人开口向禅师求花，说是要在自家也栽几棵，禅师答应了，亲自动手挑拣开得最鲜、花苞最多的几株，送到对方家里。很快，络绎不绝的人来求花。

小和尚不高兴：“平时不见他们捐香火钱，现在却要把满院的花都拿走，这也太贪心了吧。”老和尚笑着说：“别老惦记着村民们的香火钱了，那不重要，我们当初的满院花香，现在变成了他们的满村花香，这不比接受他们的捐钱，更令人感到愉快吗？”

有这样一句话：“生活好像一架钢琴，只有当我们手心向下时，才能弹奏出高亢、激昂的音乐来。”手心向下，即是心中装着别人。只有这样的人，才能交到更多的朋友，收获更多的帮助。换言之，替别人着想，交更多朋友，对我们的人生大有裨益。

有句话说得好：“晴天留人情，雨天好借伞。”社会复杂，每个人置身其中，或多或少都要与他人打交道，这个时候，我们对“索取”与“付出”的把握，就特别重要了。每个人都离不开别人的帮助，但是也只有先为别人提供帮助，我们才能收获帮助。

胡适曾资助陈之藩到美国留学，陈之藩后来有了钱，就马上还给了胡适，还写了一封致谢信。胡适回函：“我借的钱，从不盼望能收回来，因为我知道这些钱总是‘一本万利’，永远有利息在人间。”后来，陈之藩说道：“我每读这封信时，并不落泪，而是自己想洗个澡。我感觉自己污浊，因为我从来没有过这样澄明的见解与这样广阔的心胸。”

总是等待别人的帮助，这样的人是自私的，为人不喜的，也是目光短浅的。一个情商高的人，懂得主动帮助对方，多思考自己能为别人提供些什么。因为他们知道，这些帮助从来不会白费，每一次帮助都是为自己积累了一份善缘，这就是最大的财富。

6. 朋友间互相激励打气，一起为梦想打拼

交朋友是一门艺术，交的朋友合适，能帮助我们提升自己，学业有成，事业有成，人生之路走得更加顺利。反之，交到了不合适的朋友，则会使我们人生坎坷。

什么是“好”朋友，什么又是“坏”朋友呢？不用说，整天无所事事，要么鼓动我们偷鸡摸狗、坑蒙拐骗，要么拉着我们醉生梦死、纸醉金迷，甚至表面上叫我们“朋友”，背地里却在算计我们，企图谋害我们的这种朋友，肯定称不上“好”朋友了。

田乔飞曾经有几个“好哥们儿”，好到可以穿一条裤子的程度，每天

一大早，就彼此互通电话，约好会面地点，见面后就到网吧玩游戏，一玩就是一天。

当然，若是他们能够将游戏玩到职业级别，也能组队打比赛。遗憾的是，他们从来没有认真研究过任何一款游戏，只是用来打发时间而已。此外，几个人都没有参加工作，没钱了就向家里要，有时候，由于家人不肯给钱，他们还会跟父母大吵一番。

这样颓废的日子一过就是三年，渐渐地，大学中所学的知识、技能，都被他们忘得一干二净。尤其是田乔飞，整个人浑浑噩噩的，眼见他已成废人，他的父亲再也忍受不了，与他大打出手，双双进了医院。没多久，他父亲被查出肺癌中期，为了治病，全家的经济水平一下子跌到了零点。直到此时，田乔飞才惊觉，自己已经没了生存能力。

回想过去3年的荒唐，他非常后悔结交了那样几位狐朋狗友，将自己大好的青春都浪费在了无意义的事情上。明白了这一点，他痛改前非，与几个“哥们儿”断绝来往。如今，他自己开了一家修车店，不但养活了家人，还为父亲提供了医疗费用。

真正的朋友，不是为了一起打游戏，也不是为了一起喝酒划拳，而是相互激励对方，鼓励对方，一起为了梦想而打拼。所谓“志同道合”，说的正是这个道理。

有的人以为，朋友就是电视剧里所说的“两肋插刀”“义薄云天”，实际上，这是很片面的看法。试想，若是一个朋友劝我们去犯罪，难道，为了所谓的义气，我们也要听从吗？显然不能。对朋友的理解，如果仅仅停留在“讲义气”的层面，是远远不够的。在这之前，我们还应认识到：真正的朋友，应是为了对方好，并以此为目标鞭策对方。

卢雨清是一个非常贪玩的人，本来，按照她自己的定位，什么读博、出国留学之类的事儿，肯定不会发生在她身上。然而，事实是她不但成了一名博士高才生，更得到了公费留学的名额，还进入了美国最知名的大学之一，甚至还拿到了奖学金。

这一切归功于她的闺蜜姜云芳。姜云芳是一个十分自律的女孩儿，学习非常用功，作息也很有规律，一直以来的梦想就是去哈佛大学深造。

刚上大学时，卢雨清曾经对她的想法表示过艳羡。就是那一次，姜云芳开玩笑说："如果你真的羡慕我，不如我们一起努力，一起考进美国的大学，怎么样？"

当时，卢雨清回答的是"好啊"。自那之后，无论刮风下雨，只要姜云芳去自习室，她都会拉上卢雨清。刚开始的时候，卢雨清还不情不愿，甚至跟她拌过嘴。不过，慢慢地也就习惯了这种"被迫学习"。如今，4年过去了，她们两人果然美梦成真。

面对这一切，卢雨清感慨地说："如果没有芳芳帮助，我可能早废了。"

交朋友，就要交志同道合的朋友，大家彼此为了同一个目标聚到一起，相互支持，为了梦想而奋斗。如果仅仅是出于玩乐享受的目的而聚在一起，这样的朋友，不说难以长久，便是对我们自身的提高，也没有任何正面的意义。更多的可能是，当我们没办法再跟他们一起玩乐时，彼此的关系就会迅速变淡，所谓的"友情"也会被对方抛诸脑后。

还有的人，极度自我，看不惯朋友的好，眼见对方取得一项又一项成就，就会产生嫉妒的心理，恨不能自己取而代之。更有甚者，宁愿朋友比自己混得差，也不愿见到朋友比自己混得好，一旦朋友得势，他不但不为对方感到高兴，还会暗中出手破坏。

与这样的人交朋友，让自己伤心伤情，实在是一件不幸的事。反过来说，一个人如果做到了这种地步，那么他势必没什么朋友，人们也会对他心生戒备。可以说，这样的人是为人所不齿的，他们不但没有尽到朋友的义务，反而侮辱了"朋友"这个词。

总之，朋友就是人生路上一起奋斗前进的人，是彼此为了同样的志趣和目标，走到一起的人。最好的友谊，就是相互鼓励、鞭策，希望对方变得更好。情商高的人，通常愿意与那些正能量满满的人交朋友，让对方帮助自己不断前进，得到提升。

7. 事没办成，也要说谢谢

求人办事，是我们每个人都在所难免的事，人生在世，谁没有个需要帮衬的时候？但是，事无必成之理，人无完美之人。向人求助，对方答应了帮我们的忙，最后却没能把事情办成，这也是常有的事。有的人对此毫不在意，依旧感谢对方的热心和仗义，但有的人，却是不能理解对方的苦衷，只要事情没办成，就一味地埋怨，甚至责怪对方。

其实，这种心态是不对的，也是一种低情商的表现。对方答应帮我们的忙，这本身就已经是一种态度，说明对方心中有我们，看得起我们，愿意拿我们当朋友，即使没有帮我们把事情办好，也可能是由于某些客观原因，不能因此否定了他们的努力。

换句话说，交友办事，不管对方是不是把事情办成了，我们都要心怀感激。求人办事并不是“一锤子”买卖，这次没能把事情办成，并不意味着下次仍然办不成。

有一次，雷国辉的一个侄子想买电脑，听说雷国辉的一个同学正好是电脑城的电脑销售员，就拜托他说说情，走走关系，看能不能从内部拿到一台高配置的机子。

雷国辉几经推辞，还是拗不过叔叔婶婶的请求，答应试试看，于是找到自己的那位电脑销售员同学，将请求告知了对方。同学思索了一会儿，说愿意尝试一下，但不敢保证一定成功。结果那段时间公司管得严，市场又很火，同学自然没能完成“任务”。

雷国辉并未埋怨同学，反而请同学吃了一顿饭，对他表示了真诚的谢意。雷国辉说：“兄弟，真是太感谢你了，没想到你还记着我这个老同学，愿意帮我的忙，不说了，你这份情谊我永远不会忘，以后有用得着我的地方，你也别客气，我自当尽力而为。”

一番话说得同学十分感动，之后过了几个月，同学突然找到雷国辉，问他还需不需要电脑，他争取到了一台五折优惠的全新机子，这本来是被作为内部奖品的。

当朋友历尽周折，因为某种原因没有办成我们所托之事时，如果我们连一句“谢谢”都没有，那么，对方也就再也不想帮我们办事了。有的时候人做事不是为了回报，而是为了一句感谢，图的就是这份感激的心意。一句“谢谢”，是对朋友的最好回报。

做人要目光长远，更要心怀善意。如果我们认为对方没有把事办好，就用不着感谢，甚至因此冷眼相向，伤害彼此感情，这样做不但显得我们没有人情味，还是一种自毁长城的行为，可能对方以后再也不愿帮我们，我们也会失去一位值得信赖的朋友。

在这个世上，任何意外都可能出现，求人办事，本来就不可能有百分之百的成功率。我们不能将所有的期望和责任，都压到朋友的头上，对方愿意帮我们的忙，就已经是很给面子了。另外，托人办事，我们也要考虑到别人的能力范畴，是否能办得到。

如果别人明确表示办不到，就不能强求别人帮忙。有的人做事只从自己的利益出发，根本不在乎别人有什么困难，一旦自己有事相求，就要求别人非答应不可，不然，就像人们说的，“王八咬人不撒嘴”，非给闹出个结果来，这样做是求人办事的大忌。

许明文的老同学成耀东，在某知名公司担任经理，他便找上门去，表示自己将要到这家公司应聘，希望成耀东能帮帮忙。但成耀东却连连摇头，表示公司管理严格，他又没什么人际关系，这事儿不好办。但耐不住许明文坚持，成耀东最终还是答应了下来。

但应聘结果出来后，许明文名落孙山，愤怒的许明文认为，这一切都是成耀东不尽心的结果，说道："你真不够朋友，这么一件小事都不帮忙。"说罢转身便走。

成耀东费力不讨好，心里很不是滋味，暗暗打定主意，不再和许明文来往。

各人有各人的难处，当我们向朋友求助，对方表示出难处的时候，我们一定要予以理解和包容，切不可胡搅蛮缠，强迫对方答应，更不能在事后抱怨对方"没能力"。生意人尚有"买卖不成仁义在"的说法，朋友之间，那就更是如此了。朋友愿意帮忙，那是情谊，不愿意帮忙，也没什么大不了的，因为能力不足，而没能办成事，更是正常。

有人说，人与人之间的交往应该以自然为宜，双方都觉得没有压力，这才是人际交往的理想境界。当我们提出让别人为难的要求时，本身就是在给对方制造压力。这个时候，如果还不能理解对方，就会给对方带来严重伤害，再深的感情也经不起摧残。

做事要给自己留有余地，不要断了自己的后路。情商高的人，在朋友帮办事没办成时，也会感谢对方，既维系了原来的友谊，又为以后的交往打下基础。因此，完事后说声"谢谢"，是世界上最容易赢得友谊的办法，也是加强人际关系的一件法宝。

总之，事情没办好，也不要干那过河拆桥的事儿，多给办事之人信心和鼓励，使两人的感情更为融洽，为彼此的关系预留下感情的资本，这才是聪明人的做法。

8. 制订双赢方案，让彼此的关系更牢固

生活中，人们常常对朋友之间的利益纠葛忌讳非常，认为这会侵蚀至真至纯的情谊，使得好好的一对朋友分道扬镳。所谓“谈钱伤感情”“兄弟之间，概不借钱”，说的正是这个道理。所以，人们大多推崇“君子之交淡如水”，只讲感情培养，不求利益合作。

殊不知，利益是友谊的前提，只有让彼此都能从对方身上获得利益，这份情谊才能长久下去。当然，这里的利益并非简单的钱财，可以是发展机会，也可以是某种心得体会，体验感受。总之，一对朋友想要永恒，就必须要能从对方那里得到些什么才行。

瓦坎达是一位青年演员，英俊潇洒，演技也很好，从职业的发展来看，他迫切需要一个公共关系公司，为他在各种报纸杂志上写文章聚人气，以增加他的知名度。然而，要建立这样的公司，需要很大一笔资金，以瓦坎达目前的身价，是心有余而力不足。

一次偶然的机会，他遇上了南茜。南茜曾在纽约一家公共关系公司工作多年，不仅熟知业务，而且有较好的人缘。几个月前，她自己开办了一家公关公司，目前正在寻找演员、歌手以求合作。两人的相遇，正好填补了对方的空白，当下便联手干了起来。

瓦坎达成了南茜的代理人，而南茜则为他提供经费，以便通过各种渠道露脸。很快，他们的组合开始红火起来，电视上、街边的广告牌上、各

家报纸上，都有他们的身影。瓦坎达和南茜在合作中各取所需，既满足了自己的需要，也满足了对方的需要。

其实，朋友之间的交往，本来就是一种双向行为，故有“来而不往非礼也”之说。那种只有单方获得好处的友谊，是很难持久的。因此，在人际交往中必须坚持“互利”原则，自利的同时也要利他，这样才能满足双方各自的需求，彼此的关系才能长久。

也许有人会说，在现实生活中，分明有很多朋友、恋人都因为利益最终形同陌路，怎么能说利益合作是好事呢？的确，因为利益导致情感破裂的例子，在我们身边时有发生。比如，几个兄弟一起开公司，公司壮大了，兄弟阋于墙的事情也发生了，几个同学合伙搞项目，却因为利益分配的事吵得不可开交，这都是“利益”惹的祸。

但是，追根溯源，之所以会发生这样的事，其实还是利益分配不均造成的。利益分配得不均匀，也就意味着其中一人或一些人的利益蒙受了损失，这是合作细则上的问题，与我们的出发点并没有冲突。只要能够有效化解这些矛盾，消除摩擦，避免大家的损失，这种利益合作自然就能继续进行下去。因此，朋友之间，应追求“互惠双赢”。

朋友之间的相处，不能太自私，不能吃独食。比如，不要只想自己享受，却不让别人舒服，更不能以置对方于死地为快；考虑问题时也不能只为自己着想而不顾他人感受，在双方意见不能统一时，宁愿谋求一个折中的方案，也好过极端的利己主义。具体而言，对利益有争议时，彼此双方要坐下来诚恳协商，必要时不妨都做出相应的妥协。

卡森纳是一家出版社的编辑，由于能力非凡，就兼任了另一份杂志的主编。有一次，他主编的杂志在一次评选中获了大奖，他高兴之余，逢人便提自己的努力与成就。

但没过多久，他就发现了一件糟糕的事，单位里的同事似乎都在有意无意地和他过不去，并回避着他。为什么会这样，卡森纳想了好久，才想明白了其中的道理。

原来，他犯了“独享荣耀”的错误。就事论事，这份杂志之所以能得奖，离不开其他编辑的功劳。但卡森纳却将这份功劳独占，当然会使别人不舒服。

想明白这一点后，卡森纳不再将一切荣耀归到自己身上，而是更多地提及同事们的支持和帮助，处处表示，这份大奖应该有他们的一份。很快，大家又开始亲近他了。

朋友之间的关系要达到和谐，就必须保持一定的平衡，好的关系都是建立在双方受益的基础上，这种“益”，可以是物质的，也可以是精神的，但一定要有。如果一方长期受损，一方长期受益，彼此之间的关系就会动荡，直至彻底破裂。

在实际的人际交往中，只要我们肯让自己先退一步，肯把对方的面子给足，肯在自己的底线上留有一定的弹性，肯与对方共享利益、共谋发展，那么，就一定能取得沟通的最佳效果，也一定能使友谊变得更加和谐，这就是所谓的“互惠双赢”之道。

人们常说，帮助别人，就是帮助自己。时时刻刻为朋友着想，能够帮助他们，我们自然能收获更大的友谊。对于朋友来说，我们的帮助，已经让他们感受到了最大的诚心。而对于我们来说，从情感上来讲，我们会感到快乐，从功利的角度看，这就是投资，在将来的某一天，朋友必定会回馈于我们。情商高的人，往往以退为进，共谋发展。

第十章

朋友间需要分寸感，相处舒服最重要

不要太过热情，自来熟搞不好会让人不适

不要总把你的恩惠挂在嘴边

朋友之间请吃饭，要有来有往

不轻易向朋友借钱，也不轻易借钱给朋友

不要觉得混熟了，就可以随便开玩笑

别人做事的时候，请不要指手画脚

关系再好，也不说刻薄的话

不强迫别人接纳自己的观点

1. 不要太过热情，自来熟搞不好会让人不适

在我们身边，常常会有这样的人，他们与人第一次见面，就能像老朋友一样侃大山，谈天说地，没有那么多烦琐的礼节和顾虑，总是给人留下开朗、热情的印象。因而，这些人通常人缘都很好，不管到哪里都能迅速交到朋友，我们称他们为“自来熟”。

但凡事都有一个度，“自来熟”过于主动，过于热情，就会让对方感到无所适从，甚至灼伤对方，给自己的人际关系带来不利。毕竟，不是所有人都能做到和刚见面的人就能聊得来，我们若表现得过于主动，只会让对方心生警惕，对我们产生反感。

肖燕妮最喜欢的事就是坐火车、大轮船、公交、地铁等大型交通工具，用她的话来说，这些场合的陌生人够多，能认识很多新朋友，了解很多新的东西。

有一次，她去北京找同学玩，在火车上碰到一个文静的女孩，觉得对方很擅长打扮和搭配衣服，就想向对方请教。

于是她想也没想，就掏出了一大堆零食，像老朋友一样跟对方搭话。一开始，那女孩还礼貌性地回两句，可见到肖燕妮越说越激动，所谈论的话题也越来越私密，就开始沉默了。最后，女孩被问得急了，干脆转过身，靠着窗户闭目养神了。

有很多人，常常不分场合，随意向他人表现自己的热情，仿佛一团火，

虽然带给别人温暖，却也容易灼伤对方。与人交往，尤其是初次见面的人，或不太熟悉的人，我们更要注意分寸和热情的尺度，过于疏远诚然不好，但太热情也会让对方吃不消。

人有亿万，各自不同。对于那些内向的人而言，自来熟的人其实并不符合他们的审美和交流标准。与他们交朋友，如果刚见面就表现得跟“死党”“哥们儿”一样，难免会让他们方寸大乱，找不到交流的节奏，这对他们而言，是缺乏安全感的。

更有甚者，甚至认为拥有“自来熟”性格的人，都是一些能言善道、精于算计的人，他们在人际交往之初，就对自来熟的人竖起了一道心墙。这个时候，如果我们不收敛一下自己的热情，就很容易被对方贴上标签，进而归类到不可深交的名单里。

而且，从另一方面来讲，人们一直有“防人之心不可无”“无事献殷勤，非奸即盗”的戒备之心，再加上当今社会的复杂性，使得绝大多数人在面对陌生人的时候，都会不自觉地提高警惕。因此，对一些小心谨慎的人来说，自来熟的人如果热情过头，就很容易被视为居心叵测，要么是贪图小便宜，要么就是对自己有所企图……

这样一来，我们不但得不到对方的好感，反而会惹怒对方。比如说，火车上对面座位的人向我们打听家人的情况，家里有几口人，年收入是多少，各人的性格爱好等，谁都会心生警惕；再比如，街边擦肩而过的陌生人，一个劲儿打听我们的婚姻情况、恋爱情况，甚至喋喋不休地将自己的秘密一股脑儿抛出，同样会令我们反感。

由此可见，“热情”需要有度，“主动”需要有尺。这里所谓“尺”与“度”，就是要求我们在对待别人热情友好的时候，务必要切记，这一切都必须建立在不影响对方、不妨碍对方、不给对方增添麻烦、不令对方感到不快、不干涉对方私生活的基础上。

与人交往，尤其是与陌生人交往的时候，固然需要我们主动热情，可也要与之保持一定的距离。比如陌生人摔倒了，我们扶他起来就够了，不可忙前忙后地问他接下来做什么，要不要帮忙搭把手，更不要在对方对我们尚不了解的情况下，就豪气干云地来一句，“相逢即是有缘，有缘即是兄弟，有什么事，我帮你搞定……”这样会吓着对方的。

有的人生怕自己不够主动，无法让对方感受到我们的“善意”和“好意”，所以热情得过了分，令人措手不及，这是低情商、矫枉过正的表现。情商高的人，在与人交往的时候，往往是循序渐进的，掌握着一定的节奏，同时还会根据不同的对象，不断调整自己的主动性与热情。只有这样，才不会因为“步子迈得太大，而伤了腰”。

总而言之，适当的自来熟，并没有什么不好，能够体现我们的热情，让人感受到我们的心意，让人体会到我们的尊重，没有谁不希望和一个主动热情的人交往。但是，这种主动与热情一定要把握好分寸，不可操之过急，须知，心急总是吃不了热豆腐的。

2. 不要总把你的恩惠挂在嘴边

对别人施以援手，提供帮助，这本来是一件好事，既可以拉近彼此关系，助推友谊的提升，还可以建立我们良好的个人形象。然而，如果我们总是把这种恩惠挂在嘴边，哪怕不是故意的，也会让接受帮助的人心生怨愤，甚至对我们冷眼相向，反目成仇。

前不久，赵会荣家里出了点儿事，急需用钱，无奈之下，就向自己的朋友柳毅云借了两万块钱。自那之后，赵会荣的麻烦就来了。原来，柳毅云总是有意无意地在人前提起自己借钱给了赵会荣，搞得周围的人都知道了这件事，为此，赵会荣很苦恼。

有一次，大学同学聚餐，赵会荣和柳毅云也参加了，席间，大家频频敬酒，拼得非常激烈，柳毅云酒量不好，就拜托赵会荣帮他挡酒。起先，赵会荣也仗义相助。然而，连挡了几轮，旁边有人不满了，怪罪柳毅云不该让赵会荣帮忙，柳毅云却直接反驳："这有什么不可以，我俩是哥们儿。"本来，听到这里赵会荣还挺高兴，哪知，柳毅云又继续说道："再说了，我还借了他两万块钱呢。"这话一出，他当时就变了脸色，心里很不是滋味。聚会结束后，他没理柳毅云，就一个人离开了。

接下来的几个月，他几乎靠着吃馒头度日，以最快的速度凑齐两万块钱，还给了柳毅云，并说："兄弟，钱我已经还了，连带利息一起，兄弟不会让兄弟吃亏的。"

柳毅云这才知道，自己的一些话无意中伤害了赵会荣，很是后悔。

许多人总是希望别人知恩图报，恨不得施了一次援手，别人就会感激他一辈子。这样的想法实在大错特错。做好事、善事，不是"施恩"，而是发自内心的想法，是建立在"我想做""我愿意做"和"我必须做"等意愿之上的。如果怀着挟恩以报的心思，那这种帮助和善意，就失去了它原有的味道，对被帮助的人而言，也就不那么感动了。

另外，虽然帮助别人理应得到感谢和回报，但我们绝不能将之挂在嘴边，有事没事就拿出来显摆。反而，对别人有恩惠一定要忘掉它，就算忘不掉，起码也不能经常挂在嘴边，因为我们每谈论一次对别人的恩惠，就消减了一分别人内心对我们的负债感，长此以往，别人就会觉得自己根本不欠我们什么，我们的口舌之利已经将恩惠抵消了。

在我们身边，从来不缺乏这样一类人，表面上他们待人热心，而且也时常帮助别人，但是，他们帮助他人后，总是显现出趾高气扬的姿态，把曾经的帮助挂在嘴边，强调自己的付出，妄想得到丰厚的回报和良好的名

声。在他们眼里，接受帮助的人就低自己一等，不然就是忘恩负义。

却不知，总是把恩惠挂在嘴上，无异于在受恩者的心灵上“放高利贷”，不仅不是社会所宣扬的助人为乐，更是一种对受恩者的心灵折磨。对于这种行为，人们大多是秉持拒绝态度的。换句话说，如果有人真的做了，那么他不但收获不了名声，更得不到被帮助者的感恩，更多的可能是，自己白费了力气，反而不讨好，成为人们眼中的“烂人”。

施恩不应该成为施舍，帮助朋友也不应该抱着“我是恩人”的想法。就像小说《灵魂的枷锁》中说的那样：“杀死这孩子的不是他的脆弱，而是援助者的援助，当援助成为施舍与恩典，他不再是渡人于困厄之中的方舟，而是锁住灵魂的枷锁。”给朋友带来受人恩惠的屈辱感，以及一辈子都还不清的精神债务，这样的“施恩”又有何意义呢?

当然，有的人可能会说：“我也不是故意的啊，我没想过用恩惠来要挟他，只是他玻璃心了，连我的玩笑话都没听出。”的确，有的人喜欢将恩惠挂在嘴边，完全是心直口快，想到啥说啥，图个显摆的乐子，或是打趣对方，除此之外，没有其他想法。

但他们没有想过，当我们在为对方提供帮助，而对方又没有拒绝的时候，实际上，对方在我们面前时，已经有了一种发自内心的自卑感，会觉得自己欠了我们，会觉得自己低我们一等。这个时候，他们的心灵是脆弱的，哪怕我们只是无意提及，落到对方耳中，也带上了“恶意”。因此，与我们帮助过的人相处时，言语上的忌讳需要格外注意。

一个情商高的人，在“施恩”于朋友时，总会在事后便将这件事抛诸脑后，坚决不再提起。哪怕对方真的忘记了，也不要旧事重提。如果觉得对方真是一个忘恩负义的人，情商高的人只会静静离开，不再与其来往，却不会抱着“恩惠”跟对方讲道理。

总之，“恩惠”这种事，越是拿到口头上说，它的情义值就越低，带给人的震撼和感动也就越低。说得多了，天大的恩惠，也会变得一无是处。等到那个时候，好事变坏事，恩人变仇人，就很不值了。施恩不图报，帮助了朋友，就将这份帮助埋在心底就好，情商高的人自然会涌泉相报，否则，我们再怎么反复提及，也是毫无意义的。

3. 朋友之间请吃饭，要有来有往

朋友之间请吃饭，在中国是一件十分平常的事。升职加薪、成家立业，甚至只是单纯地想念朋友，都能成为中国人“请吃饭”的理由。对绝大部分中国人来说，请朋友吃饭，是拉近彼此关系、维护彼此情谊的一种有效手段，也是人际交往的手段之一。

人们喜欢在饭局上解决问题，喜欢在饭局上交友，喜欢在饭局拉关系、谈生意。在绝大多数应酬中，饭局常常是压轴大戏。但是很多人不懂，其实饭局也是一个小社会，饭局中的学问更不能忽视。其中最重要的一条就是，朋友间请吃饭，要有来有往。

徐松阳有一个朋友，叫赵修文。此人性子有些无赖，常常拽着徐松阳要他请客吃饭。每当发工资的时候，就是徐松阳苦恼的时候，因为赵修文必定会让他请客。

当然，他也不是那么小气的人，请朋友吃一顿饭还是没问题的。可关键是，他们两个在一起吃饭的次数太多了，但是绝大多数时候都是他在付账。有人甚至笑话他，女友也常常抱怨他交友不慎，遇到个蹭吃蹭喝的无赖之徒。

这不，前几天他刚领了年终奖，赵修文知道后，一直缠着让他请客。他实在是很想拒绝这种无理的要求，但又有些不好意思说出口。最后，还是他的女友一把夺过手机，拨通对方的电话后就是一顿大骂。现在两人的关系算是降到了冰点，徐松阳为此很苦恼。

易中天说，外国人自己点菜自己吃，埋单时也是AA制，如果你让他吃你点的菜，他会认为你在强迫他，而中国人吃饭则不同，喜欢人越多越好。他认为，中国人的社会关系就是吃出来的。因此，与朋友一起吃饭，是人际交往的重要手段。

钱钟书也认为，“吃饭有许多社交的功用，譬如联络感情、谈生意经等等”。餐桌是应酬交际的重要媒介，更是广交朋友的好地方，它不仅能快速拉近宾主之间的距离，更有助于消除误解摩擦，而且可以扩大视野和关系网。

请吃饭不难，难的是使其具有正面意义。请朋友吃饭一定要有来有往，才能起到增进友谊的作用。如果只是单方面请客，时间一长，谁都会受不了的。真正的朋友是彼此为对方付出的，只顾着享受，却不愿付出，这样的人不管放到哪里，都不会受欢迎。

郑婷婷为人爽朗大方，颇有些英雄气概，身边的朋友很多，大家也都乐意与她相处。因为大家都知道，跟她在一起，自己不会吃亏。就拿吃饭这件事儿来说，每次朋友聚会，她都提倡AA制，如果别人坚持要请，她也会记在心里，在合适的时候请回来。

她说，大家的钱都不是刮风刮来的，人家这次请了客，是好意，是善意，自己承了情就得记在心里，不能随意忘记，并且在合适的时候，别忘了反过来请对方，不能让别人蒙受损失。正是因为她这份痛快，大家从不说她闲话，有时候甚至主动让利给她。

也许有的人会觉得这是小气，是势利的表现，朋友嘛，分那么清干吗？你请我请不都一样吗？实则不然，从现实的角度看，绝大多数人的经济水平是有限的，能够承受一次的请客，却承受不了频繁的请客，毕竟当今物价并不便宜，各自有各自的开支。

从另一个方面来讲，这也不单单是钱的问题，还涉及一个感受的问题。试想，让一个人长期请另一个人吃饭，这个人心里会怎么想？他会认为，另一个人是在蹭他的吃喝，根本不考虑他的感受，只想着从他身上捞好处。有了这样的感受，请的人心里自然就会感到不痛快，就会埋怨对方自私自利，居心不良，久而久之，彼此的感情也就淡了。

并且，从情感的角度而言，这一次我请你了，下一次就换你请我，说明你心中有我，记得我的好，也愿意回报于我。如果长期让别人请客，但自己却一毛不拔，说明他心中根本没有对方，只有自己。试问，谁又愿意与这样的人做朋友呢？

不管是从物质经济的角度，还是从情感体验的角度，长期让别人请客吃饭，而自己却一毛不拔，这样的人都很难令人信服。生活中，很多这样的人最后都声名狼藉，没有人愿意与他们做朋友。比如那些吃饭时豪气干云，结账时不是喝醉了就是上厕所的人，一次两次，可能别人还不怎么计较，但如果次数多了，大家就不愿意跟他们一起吃饭了。

做人要厚道，与朋友相处，更要有诚意。一个情商高的人，从不会在这些蝇头小利的地方上占便宜，朋友之间相互请吃饭，他们从来都是有来有往，做到礼尚往来。那些连请朋友吃饭都偷奸耍滑、耍弄心机的人，最终只能是丢了西瓜捡芝麻，得不偿失。

4. 不轻易向朋友借钱，也不轻易借钱给朋友

朋友之间互帮互助，本来是一件正常的事，彼此合作，互惠互利也没有问题。但是，如果是朋友之间相互借钱，那么我们就需要再三考虑、谨慎而行了。

通常，不管是向朋友借钱，还是借钱给朋友，都容易引出问题，影响彼此的关系。比如，朋友向我们借钱，借多了我们自己负担不起，对方的偿还能力也有限;借少了追债的时候又容易尴尬。又比如，我们找朋友借钱，朋友心里不愿意，可碍着情分不得不借，但对方心里肯定会不舒服，这无异于为彼此的关系埋下了负面的种子。

人们常说，“亲兄弟，明算账”。哪怕是亲生兄弟，在涉及金钱来往的时候，最好也要明明白白地算账。这并非冷血、势利，而是只有通过这样的方式，兄弟情谊才不会因为一本糊涂账而受到损害。亲兄弟尚且如此，朋友之间就更是如此了。一个情商高的人，如非必要，他们大多不会轻易向朋友借钱，当然也不会借钱给朋友。

汤伟麟在国企上班，工资不低。平时和朋友聚会，他都会抢着付钱，朋友们都觉得他很豪爽。有一次，一个朋友家里有急事，想借4万块钱应急。

汤伟麟心想，自己与对方相识3年了，还在同一个公司上班，对方人品也还行，于是二话没说，就把钱借出去了，连欠条都没打。很快，规定的还钱限期到了，朋友没还钱，又过了一个月，汤伟麟给朋友打电话，对方回复说过一段时间才有钱。

就这样一拖再拖，半年过去了，这位朋友还是没有还钱，汤伟麟打电话询问，得到的回复不是做生意赔了，就是家里有人生病了，还一直强调

只要有钱了就还。对此，汤伟麟很是烦恼，4 万块钱一直不见还，还耽误了自己买房子的大事。

生活中，类似的情况并不罕见，出于对朋友的信任把钱借出去了，结果等到还钱的时候却是困难重重，对方不是没钱就是各种理由借口，再不然，就是一顶不讲义气的帽子扣下来，“你这人怎么这样啊，借你几个钱应急，又不是抢你的，天天追着问……”

因为在朋友之间的账务上弄得不清不楚，导致自己难受，这是我们多数人的苦恼。很多人甚至因此闻之色变，下定决心不与朋友进行任何金钱上的往来，更有人偏激地认为，不管出于什么原因，向朋友借钱都是下下策。那么我们具体应该怎么办呢?

第一，站稳自己的立场，明确并严格遵守自己的原则。

关系越好，越不要随意借钱。关系好代表着我们更不好意思开口让朋友还钱，数额小，借了也就算了，数额大的，借之前一定要想好。除非对方借钱的原因特殊，如家人重病，或急需救命钱等，其余情况下，提供解决问题的方法即可，实在不行便不用管，最好不要牵扯到金钱的来往。

当然了，一定要注意尺度和说话方式，不要让朋友觉得我们无情。

第二，朋友有亲疏，借钱分对象。

不是所有人都值得我们借钱的，也不是所有人都会及时还钱的。朋友的品行不能一概而论，从他们平时的作为看起，对于那些明显不那么讲诚信的人，我们一定要在借钱出去之前就想清楚，对方会及时还吗？有能力及时还吗？如果他不还钱，我们应该怎么办……如果能解决这一切的问题，方可考虑借钱。

第三，金钱上的往来，哪怕关系再好，也要按流程走。

很多人在借钱给朋友的时候，总是认为大家关系好，就不用写欠条，不用找担保，不用说明具体条例。

其实，朋友之间，更应该按照标准的流程走，欠条、担保、具体事宜，最好是一个都别少。这并非不讲情面，实际上这恰恰保护了彼此的情谊。有的人借钱的时候讲感情，结果最后收不上来钱了，彼此大打出手，上法庭、上公证，搞出人命的都有。

试问，若真走到这一步，彼此又能剩下什么情谊呢？反倒是按流程走，虽然看似不讲人情，却最大限度地保证了“交易”安全，避免了好哥们儿反目的风险。并且，通过这样的方式，也能提前将那些一开始就打着坏心眼儿的“朋友”拦在流程之外。

第四，沉住气，多点儿耐心，也给朋友一点儿时间。

鉴于生活中负面的例子较多，有的人不愿意借钱，可碍于情面借了，然后心里就会发慌，进而出现提前催款的现象。比如，明明说好三月借钱九月还，可还没到七月，借钱的人就开始催促对方了。这样做会给对方造成一种屈辱感，如：“我又不是还不起，你急着催我还钱是什么意思……”

结果，最后钱是要回来了，自己也得罪了对方，明明把钱也借给对方了，可不但没能增进彼此的友谊，收获对方的感激，反而将对方激怒，可谓费力不讨好。

有时候，朋友真的有难处，无法及时还上的时候，我们一定要学会理解，学会忍耐。相信自己的朋友，多给他们一点时间，这样才不会使我们的好意变恶意。

一句话，关系是关系，钱是钱，账是账，一码归一码。不要以感情来论钱，更不要以钱来论感情。人际关系，可以因为利益上的往来愈加深厚，也可能因为债务的纠纷支离破碎。一个情商高的人，永远不会将它们混为一谈，他们知道，只有坚定自己的立场，严格遵守自己的原则，友谊才会越来越牢固。如非必要，朋友之间，概不借钱。

5. 不要觉得混熟了，就可以随便开玩笑

开玩笑，可以活跃气氛，甚至提高双方交流的意愿，增进彼此的感情。因而，生活中我们很多人都喜欢用开玩笑的方式来拉近、证明彼此的关系。然而，有的时候，玩笑开得不恰当，不但起不到预想的效果，反而会适得其反，破坏原有的关系。

朋友之间，熟悉的人之间，可以随便开玩笑吗？答案是否定的。永远不要觉得彼此混熟了，就可以随便开玩笑，每个人的底线不一样。也许在我们看来无关紧要的话，对别人而言却是诛心之言、心中之痛。如果我们毫无顾忌地开玩笑，只会得罪人。

杨丽诗和薛晓羽是一对很好的闺蜜，好到无话不说的地步。但是最近发生的一件事，却让两人险些反目成仇。事情是这样的，由于杨丽诗一直单身，身边的朋友们就想给她介绍一个男朋友。恰好，她自己也有这方面的想法，就默认了闺蜜们的帮助。

就在半个月前的一个周末，薛晓羽约她一起去爬山，说是男朋友的一个帅哥哥们儿也会加入，介绍他俩认识认识，杨丽诗答应了。不承想，等到爬山的时候，闺蜜薛晓羽不知道出于什么心思，将杨丽诗的一些非常私密的事，以开玩笑的语气说给那位男生听了。尤其是她跟前男友的一些私密事件，都被薛晓羽暴露了，杨丽诗感到非常难堪。

最后，忍无可忍的杨丽诗当场发作，对闺蜜薛晓羽吼道："有你这么开玩笑的吗？那些事情怎么能够随便说给别人听？你们自己玩吧。"说完便拂袖而去。

薛晓羽也很委屈，她觉得自己只是开玩笑，并没什么冒犯的地方。

开玩笑要适度，要谨慎，要格外注意语气、用词、时间、地点、场合以及对象和开玩笑的频率。否则，哪怕双方关系再好，也很可能被我们的“玩笑”刺伤。

举个例子，比如在用语上，我们对一个胖子说“胖”，可以是调侃，对人家说“肥”，就有点侮辱了。如果对方是女孩儿，我们叫她“小胖猪”，还有点萌，但说她像“胖母猪”，那就是恶毒的辱骂了。可见，用词不准确，所产生的效果是截然不同的。

再比如，我们对平时要好的朋友、同事，偶尔来一句“蠢货”“笨蛋”，有可能对方不但不生气，反而会觉得我们跟他不见外，拿他当朋友。但是，如果我们每天都用这些称号来称呼他，那么他的心里就会产生反感，会觉得我们在侮辱他。

“开玩笑”是一把双刃剑，用得好，对我们的人际交往能力有极大的帮助，但若是用不好，同样也能破坏我们的个人形象。很多人只看到了开玩笑的好处，却很少注意其中的奥妙，以至于玩笑开过了头，硬生生将原本关系极好的朋友逼成了陌路。

想要最大程度地运用“开玩笑”的力量，我们就要格外注意交流的对象。在绝大多数失败的“玩笑”中，不注意交流对象，是其中最重要的原因。很多人都以为，只要双方的关系称得上熟悉，就可以肆无忌惮地开玩笑，这是大错特错的。通常情况下，一个人对玩笑的接受程度，源于他自身的性格特点和偏好，而跟他与我们是否熟悉无关。

简单来说，一个内敛、文静、严肃的人，哪怕我们跟他相处得再好，也无法让他接受一些放浪形骸的玩笑话。因为在他们看来，这些玩笑是俗气的、与他的审美不符合的。这就像一个双学位的美女博士，肯定不希望我们成天跟她开荤段子玩笑，即使她把我们当作真正的朋友，也希望我们能文雅一些，而不是口无遮拦地说一些无聊之语。

因此，我们在开玩笑的时候，永远要把对象放在第一位，开玩笑之前先弄清楚对方的脾性，如果对方不喜欢别人开玩笑，那我们就不要强行幽默，逼迫对方接受我们的玩笑话。如果对方不喜欢，而我们“强买强卖”，必然是费力不讨好，好心办坏事。

另外，有的人还有这样一种心理，他们很在乎我们，在心里也把我们当作真正的朋友，可他们对待玩笑的认知与我们不同，他们会认为，我们拿他们开玩笑，是在捉弄、戏弄他们。而对他们来说，最受不了自己在乎的人戏弄自己，这会让他们觉得自己不被重视，被辜负了。所以面对这些人，我们与他们的关系越好，越是不能开玩笑。

总之，与人交流，互相尊重彼此才是首要的前提，其他一切的相处模式，都是建立在这个基础之上的。开玩笑也一样，须得尊重对方的意见，如果明知道对方不喜欢，还强行与他们开玩笑，这不是在增进友谊，而是一种情商低的表现。情商高的人，永远不会仗着关系盲目行事，他们知道，越是关系好才越要注意言行，以免让对方难受。

6. 别人做事的时候，请不要指手画脚

“你这是什么态度？我明明是为你好，给你提出意见，你还爱理不理。”

“不好意思，我有我自己的做事方法，不劳您费心，您还是关心别人去吧。”

很多人常常有这样的疑惑，为什么自己出于好意苦心劝诫，到头来不但得不到别人的感激，反而引来对方的不满呢？其实，归根结底，就在于我们很多人将“说服”当成了“命令”，自以为是给对方提意见，出谋划策，实际上是在指挥对方，命令对方。

在这个世界上，没人愿意被他人的命令摆布，被指挥着做事，那会让他们觉得自己犹如提线木偶般被人操控，不得自由，也会让他们感到自己无能。因此，一个情商高的人，与人交往时从不尝试去控制对方，更不会指手画脚，插手别人正在做的事。他们会给出意见，却不会下达命令，只有这样，才会给对方一种尊重的感觉，进而收获对方的友情。

谭国胜是公司的老员工了，工作能力很强，对公司的各种业务也很熟悉，领导们都很看重他。但是这家伙是个刺头儿，连续换了好几个经理，不但没人能将他镇住，反而被他给气跑了。为此，公司高层非常烦恼，犹豫着要不要炒他鱿鱼。

一个月前，公司新加入了一名经理。新经理的手腕儿非常高明，没过一周，就把谭国胜“收拾”得服服帖帖的，再也不像以前那样，经常跟经理对着干了。有人好奇，就问谭国胜：“你这次怎么这么好说话，不像你的风格啊，新经理是怎么收服你的？”

谭国胜笑道：“什么收服不收服，说得这么难听，怎么，你们还真以为我喜欢跟经理对着干啊？”

“那你以前……”

“以前那是没办法，谁叫那几个家伙太过分，不管我做什么事都要横插一杠子，在旁边指手画脚的，搞得我离开了他们就完不成工作似的，我最讨厌这种人了。”

在别人做事的时候指手画脚，这样的人，不管在哪里都是惹人厌烦的。每个人都有自己的傲气和骨气，做得不好，旁人可以提出来，但绝不能在别人做事的过程中就吆五喝六地说教。对别人指手画脚，这并不是在帮助对方，而是在显示自身的权威和权力，这样做除了会激发对方的逆反心理，使对方产生抗拒，并不能起到正面的作用。

比如，在职场管理中，就尤其忌讳领导随意对员工的工作指手画脚。

对于一个优秀的领导来说，他们通常对员工怀有极大的信任，敢于放权。只要将工作布置下去，如非必要，他们大多不会中途插手，对员工进行“临场指导”。因为他们知道，这样做不但是在质疑员工的能力，打击员工的工作积极性，还容易给自己的管理带来麻烦。

鲁大力是一家货运公司的老员工，前不久，他晋升为经理，一时间踌躇满志。但一个月下来，他对自己的能力产生了怀疑：自己什么都不懂，真能干好经理吗？

原来，他的老经理担心他刚刚晋升，不明白经理岗位的工作内容和方式，于是每天花大量的时间来“盯梢”，无论他做出什么决定，老经理都会先审视一番，然后做出修改。往往一天下来，鲁大力自己做出的决定，十之八九都被老经理修改了。

他很不喜欢老经理这种“指导”方式，虽然知道对方是为了自己好，但这让他感觉自己很没用。在这种心理下，鲁大力的工作激情一天不如一天。好在，老板及时发现了问题，在得知情况后，勒令老经理不得再对鲁大力的工作指手画脚，让他自己适应。

结果，慢慢地，鲁大力又找回了积极性，每天如饥似渴地学习着。一个月之后，他已经初步走上正轨，可以独立带领自己的小组完成一天的工作了。

不管怎么说，被别人质疑，总是一件不愉快的事。当我们在做事的时候，如果旁边有人一直对我们的工作说这说那，哪怕明知对方是出于善意，我们心里也难免生出厌恶情绪，没有人喜欢别人把自己当傻子一般看待。做什么事，该怎么做事，那是我们的自由，你可以给我们提出意见，但不能直接为我们做计划，这是我们绝大多数人的心理。

大量事实证明，越是试图为别人做计划，指导对方工作，对他人的工作甚至计划品头论足，往往越容易招致对方的反感。一个总是对他人指手画脚的人，他们的姿态大多是高高在上的，是唯我独尊的。在这样的人眼中，别人若是不听他们的话，不按照他们的“指导”做事，就是不对的，不成器的，不够聪明的。正是这样的态度，使人难以接受。

信任，是人际交往的基础，没有信任，就无法继续交流下去。一个情商高的人，懂得给予他人最基本的信任，即使对方真的需要帮助，需要自己的指导，他们也只会以一种委婉的方式进行，而不是一上来就摆出一副“你必须听我的”的姿态。太过强势，只会激起别人的逆反之心，因此，我们要学会低调，不要随随便便地“教”别人做事。

7. 关系再好，也不说刻薄的话

朋友相处，恋人相处，家人相处，越是关系亲近的人，在一起的时间久了，说话就越肆无忌惮，一旦心情不顺了，脾气犯冲了，什么不好听的话都敢说出口。

很多人以为，只要彼此的关系足够好，哪怕说点儿什么不好听的话也没事。殊不知，刻薄的言语，往往是破坏感情的最大杀手，再好的关系也禁不住恶语的侵蚀。很多时候，恋人、家人以及朋友之所以冷战不断、吵架不休，其实就是我们说错了话。

高进波是个比较小心眼儿的人，平时别人说他一点儿不好的话，他都会记在心底，等到那个人翻脸的时候，总会忍不住拿出来说道说道，为此，他的朋友很少。

徐友发是他为数不多的朋友之一，作为朋友，徐友发没少给他提建议，让他不要那么小肚鸡肠，要大气一点，别总记着别人的缺点不放。不过，两人感情很好。

有一次，高进波跟女友分手了，心情一直很低落，徐友发就安慰他。两人买了一箱子啤酒，以期借酒消愁。可没想到，徐友发喝多了，不小心说了一句:“兄弟,你知道嫂子为啥跟你分手不?就是因为你太小心眼儿了，啥不好的事都记得门儿清，不管男人女人，最反感这种人了。”这句话很伤人，直接戳中了高进波的痛处，气得他当场翻脸。

事后，徐友发费了很大的劲儿才得到高进波的原谅，但两人的感情却再也回不到从前了。徐友发很后悔，觉得自己说的那句话实在是太伤人了。

爱情也好，友情、亲情甚至同袍之谊也罢，在感情的世界里，最让人无法接受的就是语言暴力，这是对彼此感情极不负责的表现。每一次恶语相向，必定戳中对方的痛处，这无异于撕开对方的伤疤撒盐。可以说，语言伤害是种恶性循环，带给人永恒的伤痛，是无数感情破裂的重要因素之一。而这种伤害，通常发生在相处日久的熟人之间。

与人交往，在一起久了，彼此的很多小缺点或者劣势都会暴露出来，而很多人恰恰会不自觉地将这些缺点作为言语攻击的对象。比如，恋人之间争吵，女方对男方说“你个穷瘪三儿，老娘当初怎么就看上你了，又穷又丑，你哪一点儿比得上别人”。

这些有针对性的“攻击”，无一不是女方长期观察的结果，正好说中男方的心坎儿。以至于生活中男人听到类似的话，哪怕脾气再好，通常也会气得想打人。

有道是，说话不可诛心，恶语伤人一辈子。话说得太难听、太伤人，别人往往会一辈子记住说话者的刻薄，一有机会，可能就会采取报复。因此，当我们与人发生争吵时，哪怕再怎么怒不可遏，也一定要管住自己的嘴，有些话，是打死也不能说的。

一位演说家说："人们都羡慕我到了这把年纪还保持着良好的体形，我要把功劳全部归于我的夫人。25 年前我们结婚的时候，我曾对她说：'希望我们以后永远不要争吵，亲爱的。不管遇到什么心烦的事，我决不和你吵架，我只会到外面去走一走。'所以诸位今天能看到我保持着良好的体形，这是 25 年来我每天都在外面走一走的结果。"

在可能的情况下，凡事要以和为贵，能退一步，自然是海阔天空。古人说"行时找钱背时用"。高考填志愿，还有第一、第二、第三志愿，给学子们留下一条退路；一把锁也会配多把钥匙，以防丢了一把，还有备用的。说话不可说绝，留下回旋的余地，要给自己留下纠错的机会，留下缓和的空当。一个情商高的人，通常不会说出刻薄之言。

当然了，生活中，争吵、矛盾，总是不可避免的，哪怕是处事再圆滑的人，也有跟人拌嘴的时候。那么，当吵架避无可避时，有哪些禁忌是值得我们注意的呢?

首先，不要在第三者面前吵。朋友、亲人、恋人之间，生活中难免磕磕碰碰，但是，无论如何，都不要在大庭广众之下争吵。有些问题，比如朋友的私密、恋人的隐私、家庭的矛盾，一旦暴露在公众面前，不但不能得到解决，反而会火上浇油。

其次，不要在对方脆弱时吵。如果对方正在生病，或者情绪正低落，或正处在工作不顺的逆境中，我们跟对方吵架甚至兴师问罪的话，只会加深彼此的矛盾。

再次，切忌口不择言说绝交、说分手、说离婚。现实中，两个人相遇，到建立亲密的关系，再到长期相处，并不是一件容易的事情，张口闭口就要断绝关系，形同陌路，这是对彼此感情的极度不尊重，也是对对方的最大侮辱。这种话，最好永远不提。

最后，吵架时切记不要翻旧账，不要将一切过错推到对方身上，莫用"你总是……""每次……""若早知道你是这样的人，当初我就不该认识你"这样的句式。

不过，有些时候，吵架也并非全然是坏事，偶尔发生适度的争吵，不但不会影响彼此的感情，反而会增进感情。毕竟，有争吵总比什么事儿都憋在心里来得强，争吵也是一种交心。但这种“交心”不能上升为攻击，那样只会大大伤害彼此感情。

8. 不强迫别人接纳自己的观点

“你一定要听我的，我说的才是对的。”

“你怎么就是不听呢，我都说过多少次了，这件事就应该这么办。”

……

在我们身边，从不缺乏这样的人，他们总是倾向于把自己的价值观灌输给别人，希望甚至强迫别人接纳他的观点。这样的人过于强势，人们常常不愿与之交往。

卡耐基说过：“没有人喜欢接受推销，或是被人强迫去做一件事。”每个人都喜欢按照自己的意愿去购买东西，或按照自己的意思行动。强迫别人接纳自己的观点，这是对人的一种冒犯。做人做事，不能将自己的意见强加给别人，否则，只会得不偿失。

因为和老婆抢电脑，被老婆狠狠骂了一通，赵建国的心情很不好，就去超市闲逛，无意中走到洗发水专柜。看着一排女士洗发液，就想着买一瓶回去讨好老婆。

突然，一位中年营业员鬼魅般闪到他的面前，将他挡了下来：“喂，来看看这边新出的一款洗发水吧，非常适合你的发质，我可以给你优惠价的名额。”

赵建国心想：你怎么知道我什么发质，瞎吹的吧？于是拒绝了营业员。没想到对方不依不饶：“你一看就不懂行，一点眼光也没有，别人都是我推荐的，我看人准得很！你不用绝对后悔。”赵建国一听，立刻火了，吼道：“你这人，我不用你推荐的就是没眼光？小心我投诉你。”说完，他拿起一瓶洗发水就走了，身后，中年营业员还在骂人。

拥有独立的思想、独立的人格，是一个人最基本的诉求和权利。我们可以接受别人的建议，但绝不希望有人从思想上统治我们、操控我们。这就决定了，任何人，哪怕与我们的关系再好，如果他想把自己的想法强加给我们，我们都会本能地产生抗拒。

但是，生活中我们很多人做事的时候，往往也忽略了这一点。他们被一种占有和控制的欲望驱使着，盲目地、强势地想把自己的意见强加给别人，希望别人按照自己的意愿行事。这种一意孤行的做法，绝大多数时候都会落空，没有人喜欢被他人所支配。

在别人不接受的时候，硬把某个观点强加给他，这种做法说到底不是真的为他好，只能说明自己存有太多的私心。所以，正确的方法只能是：有不同意见或观点时首先要仔细想想自己的观点是不是真的正确；其次是要自问表述出这个观点和意见是否真的出于善意；最后，心平气和，细语慢言，说完了就完了，对方是否接受都不放在心上。

真正的尊重不只是口头上的，更要在行动上表现出来。向对方表现尊重不该带有索求，带有索求的尊重是虚伪的尊重，只有不带索求的尊重才是真的尊重。要求别人尊重自己，首先要自己尊重别人。既然是尊重别人，就不该要求别人接受自己的观点，更不应该强迫别人接受自己的观点。即便是真“为他好”的观点，也不该强迫他接受。

卢珊珊是一名服装设计师，为了精进技艺，她每年都会去纽约拜访一位著名的服装设计大师。

“他从没有拒绝见我，但也从来没有指点过我。”卢珊珊说，“他每次都仔细地看过我带去的草图，然后说‘对不起，卢珊珊小姐，您的作品我无法做出评论’。”

连续3年，经过200次的失败，卢珊珊体会到自己一定是过于墨守成规，所以决心推倒自己之前的一切成果，重新从基础开始学起，以谋求全新的创意设计。

之后，她又一次带着自己的草图去拜访那位设计大师，设计师一言不发，说：“把这些草图留在这里，过几天再来找我。”3天后，卢珊珊去找设计大师，听了他的意见，然后把草图带回工作室，按照设计师的意见认真完成。

事后，设计大师说：“以前有很多年轻的设计师都来找过我，但很多时候，我发现他们只能听进去我的好话，不好的话，我说了他们也不会听。所以我反思了很久，才弄明白，只有当你们自己意识到自己的问题之后，我才能真正为你们提供帮助。”

从某种方面来说，类似“我这么做都是为你好”“你一定要听我的”的话，本身就是一种索求，对别人承诺的索求，希望听到对方说“好的，我听你的”，一旦别人不接受自己的观点，就开始烦躁，开始强迫对方，这是非常野蛮又无礼的举动。

在这世上，再没有任何强迫能比思想上的强迫更令人反感，更令人讨厌。一个情商高的人，懂得包容别人的想法，予人以充分的自由，让人享有独立的思想。海纳百川，方能成其大。与其把自己的想法强加给别人，不如多学习一下别人的先进观点。

第十一章

要有眼力见儿，会做事还要会讨喜

事毕主动回复是礼貌，更是品质

请教他人，能获得他人的好感

旅游回来，给同事带点儿小礼物

情商高的人，能引导老板说出自己的决定

给上司提建议，而不是提意见

尊重能力不如你的上司

功劳面前要学会低头说话

不在新公司说前任老板的坏话

1. 事毕主动回复是礼貌，更是品质

经理：那个，昨天我交代的任务，你完成了吗？

员工：完成了，经理。

经理：那你怎么不跟我说一声呢？这个任务本来就很急，你怎么搞的，一点儿都不主动，这要是让你负责大项目，公司还不得损失惨重？

员工：经理，不是这样的，我……您没问，我以为……

工作中，面对上级交代的任务，很多人缺少眼力见儿，自己哼哧哼哧把活儿干了，却不主动回复上司，而是坐等上司追问，这是极度缺乏情商的表现。试想一下，不主动向上司汇报工作，上司又怎会知道我们的效率高与不高、工作质量好与不好呢？

公司要求，但凡新进入公司的员工，每周都要汇报一次工作，每周五都要写工作总结上交主管。很多人对此不屑，认为这是形式主义，只有苏丽玲欣然应对。

连续3个月，她每天都写工作总结，周五还写周总结，随时汇报自己的工作心得，以及在工作中发现的问题，并提出自己的建议，同时也提出一些不懂的问题。

一开始，她只是出于遵守公司纪律才这样做，但慢慢地，她从中获得了诸多好处，最明显的就是她工作很有计划性，养成了今日事今日毕的习惯。领导也经常找她谈话，对她的一些建议表示赞同。她觉得自己的工作

得到领导的肯定，工作积极性大增。

仅仅半年后，苏丽玲不但被委任为部门经理，连写作水平也得到了提高。而和她同时进来的那批人，大部分都被淘汰了，小部分还在原地踏步，成了她的下属。

从人际关系的角度来看，主动向上司汇报工作，往往更容易引起领导的注意，获得晋升机会。许多职场新人正是在汇报工作中脱颖而出，从而快速获得领导的赏识和重用。遗憾的是，大多数人都缺乏这种觉悟，反而认为这是形式主义，刻意轻视怠慢。

主动地向上级汇报自己的工作情况，不管好的方面还是坏的方面，一定要让上司知道我们都做了些什么，这不是邀功请赏，而是对我们工作的一种尊重，对上司的一种尊重，也是一名优秀员工所应具备的素养。通常，这样的人对工作有更高的积极性。

另外，主动汇报工作，也是对上级领导负责的需要。上级的工作通常比较烦琐，需要作为员工的我们主动汇报，整个团队的工作效率才会高。而且，通过主动沟通，有利于我们理解上司的意图，形成劲往一处使的团队氛围，对我们而言也有以下好处：

首先，我们会赢得主动。在上司眼里，我们这样做不仅尊重他，还会使他觉得我们是一个工作认真的人。作为上司，他很希望下属及时主动向他汇报工作情况。

其次，在汇报工作中，我们还能得到上司的宝贵意见。对于新人来说，让上司知道我们在工作中碰到的困难，学习听取他们的意见和经验，这是非常宝贵的机会。领导比我们强的地方，很大程度上就体现在工作经验上，向他们请教问题，不但可以显得我们虚心好学，还能获得上司帮助，对我们的工作事半功倍，更是展示我们能力的方式之一。

当然了，不是所有工作都要回报的，上级的时间也是非常宝贵的，对基层的工作不可能做到全部了解，因此，我们在向上级汇报工作的时候，要注意以下几点：

第一，明确汇报的目的。

要事先做好准备，打好腹稿，把重点和关键的东西找出来，先说什么，后说什么，一、二、三、四……务必要条理清晰，重点突出，并预设出领导可能提出的问题和质疑，准备好解决措施。要尽可能准备更多、更丰富的资料、数据与信息，在上级领导问到一些背景信息时能够对答如流，不至于哑口无言，当场失态。

第二，选择重点内容。

很多人在汇报工作时，抓不住重点，什么都想说，不分主次。这样既抓不住要领，又吸引不了领导，还会适得其反。如果要解决问题，那么问题的关键所在和解决建议就是重点；如果是工作总结，那么工作的特点和成绩就是重点。

第三，汇报要层层推进。

汇报工作时，应先理出汇报内容的大纲，然后根据领导重视的问题做详尽汇报。汇报过程无论意见是否一致，都不要唯唯诺诺，毫无主见，更不要态度蛮横，固执己见。该听从领导意见的时候就要谦虚，该坚持的时候就不要退让。重大的事项还应准备一份书面汇报，总之，要做到有理有据，逻辑性强，信息充分。

第四，重点突出结果，减少细节。

汇报工作时，切莫一味谈细节，令领导头昏脑涨。重结果，少细节，这是节约领导时间的表现。除非领导想知道，否则，不要轻易谈细节，这样更能收获领导对我们的信任。汇报结束时，也不要立刻一走了之，而是应该主动请领导对我们的工作总结予以评点。面对领导的评点，我们要虚心接受，小心验证。

一句话，及时主动向上司汇报我们的工作情况，不仅可以让上司更加了解我们，还能学到对方的经验和知识，当我们再次遇到同样的困难时，这些经验和知识，往往能帮助我们渡过难关。一个情商高的人，从不拒绝与领导相处的机会，而主动汇报工作，无疑是最名正言顺、最有效的途径之一。学会主动向上级汇报工作，将助推我们的成长。

2. 请教他人，能获得他人的好感

做人，不能太“好为人师”，这会给人留下骄傲自大、自以为是的负面印象。但是，孟子说过，“人之患在好为人师”，顾名思义，“好为人师”，是人类的一种共性，生活中绝大多数人都有这样的爱好。因此，与人交往，学会利用这点“共性”，多向他人请教，能帮我们在人前塑造一个良好的印象。换句话说，请教他人，能获得他人的好感。

董成刚进入公司不到3个月，虽是职场新人，但他踏实肯干，任劳任怨，又聪明伶俐，深受领导的青睐，便时常指导他，并很快派给他一个重要的任务。

接到任务后，董成刚经过周密的分析调查后，提出了若干方案给领导看，又向领导逐条分析利弊，最后向领导请教用哪个方案。其实，领导对他的分析已经很信服，准备采取他的方案了。这时，他又向领导请教，应该如何实施。领导心想：这小伙子确实情商高。于是就让他放手干，自己在后面撑着。自然，董成刚成了领导眼中的好苗子。

之后不久，由于董成刚态度谦恭，办事到位，领导很满意，就破例提拔他当了经理。并且，领导还跟几个部门的经理打招呼，以至于董成刚在工作中，通常能得到相关部门的全力配合。一年下来，他的工作出奇的顺利，就名正言顺地又一次升职了。

向别人请教，哪怕我们只是做做样子，也能给对方释放一个信号：您瞧，在我心中，您是很能干的，我得向您学习。这样一来，对方就会产生一种成就感、荣誉感，会觉得自己被尊重，自己的能力得到认可。在这种情况下，当然会对我们产生好感了。

职场中，很多人心高气傲，自恃才高，不把同事、前辈放在眼里，甚至连领导都看不上眼，嘴里喊着“他算什么领导，能力还比不上我，不过就是运气好一点罢了，换我我也能当这个领导”，这样的人，实际上是不讨喜的，也很难等到被赏识的那一天。

诚然，一些领导或同事、前辈，乃至朋友、父母，他们的学历不如我们，某些方面的能力也不见得比我们强，但每个人都有自己的长处，我们又岂能盲目自大，自认为能够胜过对方呢？与其端着高姿态，自诩“天下第一”，不如多向别人请教，这样不但能提高自己的能力，丰富自己的知识，还能给别人留下好印象，一举两得，岂不更好吗？

无数例子证明，多思勤问的人，总比那些羞于请教的人更容易得到赏识。毕竟，提问既能显出我们对工作的热情和思考，又能显出我们的谦虚和诚恳。这样的人，谁不喜欢呢？千万不要有这样的想法：“我这样问，对方会不会笑我，我是不是丢了脸？”

于领导而言，他们都很希望部下能向自己请教，这样就能体现出他们的价值，彰显他们在工作上的高明之处；于其他人而言，也能体现出自己的过人之处，无异于变相地赞美。而对我们自己来说，则能减少我们潜在的错误。反倒是我们假装什么都懂，什么都不问，别人就会觉得，“这个人恐怕是在打肿脸充胖子”，进而开始质疑我们的能力。

另外，“不懂”还可以作为一种交际手段。比如在与对方谈论事情的时候，对方往往会说一些自己擅长的东西，在这个时候我们如果表现出“我非常想了解您说的内容”，这样就会引起对方的兴趣，对方会非常高兴跟我们交谈，继而增强彼此的关系。

因此，我们无论是在职场中，还是在生活中，都切忌摆出一副什么都懂的样子，别人说什么都“这个我非常了解”或“我比你懂多了”，这样就会非常惹人讨厌。

当然了，装不懂需要一定技巧，并不是让我们真的装作什么都不知道。装得太过，也是不行的。一个什么都不懂的人，没人会喜欢。我们只需要表现出一种谦逊的态度，给别人创造发挥的空间，然后多问问别人的建议，让别人乐意与我们接触就行了。

比如以下两种语境，当我们与人交谈时，它们产生的效果截然不同。

第一种：

“那你说吧，这件事应该怎么办？”

“你行你上啊，有什么法子赶紧说啊，别磨蹭，我听着呢。”

这种语气，过于盛气凌人，还带有强烈的不甘、不愿配合、被逼无奈的情绪，虽然也是在向人请教，但可以预见，任谁听到这样的“请教”，心情也不会很高兴。

第二种：

“您好，有个问题，我想请教您一下。”

“能请您帮个忙吗？这个问题我不知道怎么处理。”

这种语气就谦虚多了，先把自己放在一个较低的位置，然后向对方请教，并且用语还可以活泼、俏皮一些。如此一来，就能轻易勾起对方的好奇心以及帮助我们的欲望，他会想知道“这究竟是个什么问题呢？”“这人说得好诚恳，我就帮一帮他吧”。

从心理学角度看，成就感牢固地根植于我们每个人的心灵深处。别人向我们求教，表明我们在某些方面是具有优越性的，说明我们至少受到了重视。同理，我们向别人求教，对方也会产生同样的心理。所以，人际交往中，一个情商高的人往往“甘为人徒”，乐意做一个忠实的听众，给对方充分表现自己的机会，以此建立并拉近彼此的关系。

3. 旅游回来，给同事带点儿小礼物

公司组织旅游、节假日旅游、结婚纪念日旅游……随着人们生活水平的提高，旅游逐渐成为一项大众的活动。不过，有的人出去旅游一趟之后，两手空空地回来，一无所获，而有的人出去旅游，不但收获了旅途的欢乐，更收获了同事的祝福与情谊。

任雨晴是某公司境外业务推广员，前段时间，在美国完成了一项大订单之后，公司批准她休假一周，好好放松放松。度假回来后，她给部门里每个同事和领导都带了礼物，香水、化妆品、土特产等，无所不包。收到她的礼物，同事们都非常高兴。

任雨晴说：“旅游回来，随手带点儿小东西，让大家也感受一下外面的新鲜事儿，挺好的呀。要是同事都知道你去旅游了，却没有给他们带点儿什么，肯定会觉得你很抠门，很自私，这样不太好。再说了，大家就是图个乐子，也不要你什么贵重礼物。”

通过这一小小的举动，同事们对任雨晴更加亲近了，平时工作上有点儿什么事，只要问题不严重，大家都愿意替她帮衬帮衬，可以说是帮了任

雨晴很多忙。

身在职场，我们与同事可说是低头不见抬头见，想要保证工作能顺利完成，处理好同事关系，就变得非常重要了。一旦与同事产生嫌隙，再豁达的人也势必受到影响，严重者还会波及身心健康。反之，如果搞好了同事关系，我们的工作也会更轻松。

因此，主动拉近自己与同事的关系，并不是什么坏事，反而是一件很有必要的事。事实上，很多公司企业也鼓励员工这么做。比如一些大公司通常会有“团队建设”“员工感恩”等活动，其实就是在培养员工与公司、员工与员工之间的和睦关系。

但是，如何与同事拉近关系？一个情商高的人，懂得抓住一切可以利用的机会。比如现下火爆的旅游，就是一个赢得同事好感的绝佳机会。有机会就与同事一起旅游，增进彼此交流的机会，如果实在没机会，回程的时候就顺手带点儿小礼物，也不用太贵重，心意到了就行，哪怕只是一张景区的明信片，至少也可以证明我们对同事的关心。

当然了，虽说“千里送鹅毛，礼轻情意重”，不过，带什么礼物，这里面也是有很多讲究的，不必和别人攀比，却也不能真的看到什么就带什么。

不管是出差，还是度假旅游，回来时给同事带礼物，主要是一种心意，同时也是一种生活体验，过于贵重，显得刻意，还会让对方尴尬、难堪。因此，在选择礼物时，我们最好还是从“实用”的方面入手。

首先，我们可以选择一些有地方特色的糕点零食。中国人爱吃，有地方特色的美食，不但接地气，还容易处理。即使有谁不好这一口儿，人家也可以收下礼物，转送给别人。最重要的是，这样一来，对谁都是一样的，不会让人产生被特别针对的不良感受。

其次，我们可以带点儿茶叶。中国人好茶，是一种传统习俗上的“好”，是一种不分地域的“好”，给大家带茶叶，不管男女老少，都能接受这份礼物。

即使自己不喝，也可以孝敬父母，或招待其他同事，可以说，茶叶就是中国人礼品单上的“万金油”。

再次，我们可以给同事们带点儿办公用品。一只书写流畅的签字笔，一本好看的记事本，一枚艺术的文件夹……所有能在工作中用到的小物件儿，都是职场人士的最爱。而且这些东西价值不高，收礼的人也不会别扭，这样大家都很开心。

最后，我们还可以带一些旅游景区的明信片。虽然人们现在更倾向于用互联网发送祝福，但明信片依然有它的价值，好看、朴素、具有文艺范儿，深受白领的喜爱。用明信片写上祝福和旅游见闻，然后送给同事，也显得我们更用心，更有人情味儿。

另外，挑选好了礼物，我们在送礼的时候也要有所注意，不要搞得尽人皆知，更不要大张旗鼓，最好也不要在办公室和工作时间送。而且，在送礼的时候，也要区分对象，如果是给男同事送礼，就别送那些令人想入非非的东西，也不要送面膜之类的玩意儿，最好是根据各人的品位、喜好，有针对性地送礼，尽量保证对方喜欢我们的礼物。

此外，送礼重在形式，所以对于礼品盒的包装，我们应该多花一些心思，不要随便找个塑料袋装着就送了，那样显得没气质，人家都不好意思提回家。还有最重要的一点，一定要把价格标签撕掉。否则，这就不是在送礼，而是变相地向别人要钱了。

总之，同事关系至关重要，处理得好，对我们以后的发展就大有裨益。不管是出差还是旅游，顺手给同事带点儿礼物，既不费力，也不费钱，却能帮助我们收获同事的好感，何乐而不为呢？一个情商高的人，懂得利用一切机会向同事表达自己的善意。

4. 情商高的人，能引导老板说出自己的决定

工作中，有时候我们难免会有些不错的想法，或者点子、策略，有的人会迫不及待地向领导表明自己的想法，“经理，我觉得我们应该这样做”“老板，这件事吧，我认为咱们应该……”本以为这样会受到嘉奖，结果领导们却是想也不想就否定了。

于是，他们开始抱怨领导嫉妒贤能，“我怎么碰上了这种领导，不听劝谏，我恐怕是要怀才不遇了”。殊不知，很多时候，其实是他们的表达方式出了问题。

钱逸云做事认真，进入公司不到两年就成为骨干。一天，经理把他叫去：“最近我要带你们几个去外地出差，你虽是新人，但做事让人放心，帮我安排一下。”

受到上司重用，钱逸云大受鼓舞，考虑到队伍人数较多，坐公交车不方便，人还容易受累，影响谈判，打车费用又太高，就打算包一辆车，既经济又实惠。

拿定主意后，钱逸云并没有急着去做，而是先去了一趟经理办公室，把他的决定汇报给对方：“经理，您看，我仔细分析了一番之后，还是决定包一辆车去。”

接着，他将几种方案的利弊分析了一番，本以为会得到经理的赞赏，却不想，经理板着脸生硬地说：“这就是你的方案？我认为这个方案不太好，你们还是坐长途车去吧。”钱逸云愣住了，他怎么没想到，经理竟然不同意他的建议，明明很合理啊。

在上司面前说“我决定如何”，无异于古代的“假传圣旨”“代行圣

意”，只会让上司反感。案例中，钱逸云的问题就出在“我决定包一辆车”这句话上，他剥夺了经理做决定的权力。如果他能换一种说法，比如“经理，我准备了三种方案，各有利弊，但我做不了主，还是您来做决定吧”，这样一来，决定权回到了经理手上，他就不会轻易否定了。

冒冒失失地对领导说出“我觉得这种处理方法比较好”“我决定采用这个方案”或者“我早想好了，这个地方做一下改动就完美了”这种带有“决策性”的话语，对上级来说，这无疑是一种危险的言论，他们会觉得自己被轻视，权威被挑战。

献策，而非决策。真正成为领导靠得住、信得过、离不开的得力助手，就必须找准自己的位置。老板才是公司的最高决策者，无论大事小事，我们只可建议，绝不能自以为是地帮对方做决定。和老板沟通最重要的一条，就是搞清楚：我们不是老板。

当然了，让老板做决定，并不意味着我们就要保持沉默。事实上，想要成为老板信得过的人，我们应该积极建言。那么，如何将这种“决定”换个方式，以老板能够接受的方式，让他们自己说出来呢？这就需要我们的主动引导了，更需要一定的技巧：

首先，我们要始终把自己放在一个较低的姿态，预先想好问题的几个处理方法，即使想不出，也要以这种“套路”开头，比如“老板，我这儿准备了几个方案，但不知道用哪个更合适，您经验丰富，请审核一下”。这不是拍马屁，而是一种起码的态度。

其次，我们也要认真做准备，最好是能将内心真正中意的那个方案做好一些，引起领导的重视。一般来说，领导通常都能领会我们的意思，选出最佳的方案。

孟志强是一个心思灵活的人，有一次，领导交代下任务，全组要去度假三日游，暂时还没选定地方，让他负责组织一下，看看去哪个景区比较好。

接到任务，孟志强很快就搞定了，选中了华山的玻璃栈道。但他又一想，自己这么做显得有些强势了，恐怕领导会不满，于是又选了几个一般的景区做衬托。然后，他拿着自己的方案去找领导了：“这是我草拟的几个方案，您看一下，哪个更好些？”

领导看完之后，笑了，打趣道：“你小子，还跟我玩儿这一套，行了行了，就按你的方案办吧，去华山，别的地儿都一般了。”

说完，孟志强也嘿嘿笑了起来，适时地说道：“领导英明。”

总之，身在职场，我们要时刻牢记：老板永远是决策者和命令的下达者，无论我们有多大的把握，多么相信自己的判断力，也不管我们代替老板决定的事情有多琐细，都不能忽略老板的意思。一个情商高的人，永远不会越俎代庖，替老板们做决定。

5. 给上司提建议，而不是提意见

人无完人，任何领导、上司也一样，不可能做到面面俱到、十全十美，事实上，很多领导常常做出一些错误的决策。面对他们的错误，我们又该怎么办呢？在发现决策错误的时候，当场跳出去反对吗？还是采取“甘地”模式，不合作，消极怠工？

理论上，一个有责任心的员工，应该从维护公司利益出发，在上司犯错的时候提出自己的建议。但很多人都会有这样的经历：自己好心好意指出对方错误，结果不但没能使错误得到改正，反而把自己搭进去，成了领导眼中“不可爱”的人，得不偿失。

于是人们开始认为，身在职场，只要管好自己的事就好了，别人犯不犯错，跟自己又有什么关系呢？领导犯错？影响公司？管他干什么，大不了公司破产，自己跳槽。这样的想法是不妥当的。面对上司的错误，我们应该提出来，只不过，需要注意我们的语气和方式。很多人都忽略了这一点，将“提建议”变成了“提意见”，自然效果不理想。

某公司的总经理，任职之前是做技术的，工作重点长期落在研究开发领域，对企业管理知之甚少。再加上他对专业更感兴趣，常常直接插手技术部门的事务，而忽略了管理方面的问题，以至于管理混乱，部门间存在严重的交流障碍，员工敢怒不敢言。

作为总经理的助理，高鹏宇知道，再这么下去，恐怕要出大问题，经过深思熟虑，他决定向上司提出自己的想法。他对总经理说：“总经理啊，您现在是公司在技术和管理两个层面上的大总管，您在技术层面上的工作，已经远远超出管理层面了，不过，这样会失去平衡啊，接下来您应该加强管理层面的监督力度了。”总经理听后，若有所思。

之后，总经理果然将越来越多的时间用在了人事、营销及财务的管理上，公司的不稳定因素得到了控制，员工不满的声音也变小了，总经理对高鹏宇甚是器重。

什么是提建议？就是提出自己对某个或某些问题的看法、解决办法，是出于解决问题的目的而提出的谏言。换句话说，提建议通常要有一定“干货”，而不是瞎说。

那什么是提意见呢？就是只指出问题所在，进而表达自己的不满，但却没有相关的解决办法。如此一来，在别人眼中，所谓的“意见”无异于找碴儿，是对自己或对现状不满才刻意提出的说辞。也就是说，“提意见”的人往往只有不满，没有“干货”。

对老板、上司来说，他们最讨厌的就是下属只顾着提意见，却不给建议。

比如，“你算什么领导，连工作计划都做不好，耽误我们的工作进程”“这是什么决定，完全不顾我们的感受”……像这样的话，永远只有抱怨，老板们自然不愿意听到，会反感。

没人愿意被别人提意见，正常人都不爱听反对自己的话。我们要做的，是提建议，有“干货”的建议。一个聪明的、情商高的员工，会巧妙地将“意见”转化为“建议”。并且提建议时一定要注意自己的态度，因为提建议的目的不是借机发泄自己的不满，是为了被采纳和解决问题。提建议一定要注意方式方法，巧用说话技巧才能达到目的。

就算上司有再大的错，在彻底撕破脸皮之前，我们也要尊重上司，并以一个好的态度提建议。上司就是上司，他们有必要维护自己作为领导者的权威，生硬地指出上司的错误，直接表达自己的不满，这不是一个成熟员工该有的态度。

况且，上司也是普通人，他们大多工作繁忙，每天要面对的工作烦琐复杂，未必总有好心情。所以，我们一定要学会在适合的时机给上司提建议。比如，我们可以在饭桌上下班路上、走廊等不太正式的场合，尤其在他们高兴的时候，借着聊天、开玩笑，随口就把自己的建议用温柔的方式抛过去，往往更能让他们接受。

巧妙地向上司提建议，是一门艺术，更是一种情商高的体现。在实际操作中，我们一定要把握分寸，言之有物，有理有据，才能既让上司打心眼儿里采纳我们的建议，又不对我们产生反感。如果只是表达不满，噼里啪啦地说一堆指责的话，任谁也受不了。

6. 尊重能力不如你的上司

恃才傲物，是很多人都有的缺点。职场中，难免会出现几个内敛的领导，看上去似乎不那么名副其实。说白了，就是觉得上司的能力比不上自己。面对这种情况，情商高的人依旧尊重上司，尽职尽责，而情商低的人，则大多采取以下几种处理方式：

首先，瞧不起上司，在背后议论上司的不是。

其次，不加掩饰，言谈举止中带有明显的冷嘲热讽。

再次，直接忤逆上司，多数时候体现在不给上司面子，反驳、顶撞上司，直接或间接地不听上司命令等方面，有时候，还出现直接辱骂上司或更严重的情况。

最后，在他们认为时机成熟的时候，还会自作聪明，跑到上司的上司那里控诉自己的上司如何无能。这些行为在血气方刚的职场新人那里表现得尤为突出。

杨世伟是某985高校的高才生，毕业后没几个月，在一家著名的互联网公司工作。进入公司不久，他发现自己的上司似乎不怎么样，既不能说也不会写，技术也一般，不过是中专学历，只是因为进公司早、对公司业务比较熟，这才坐上了经理的位置。

比如有一次，公司要开发一条新渠道，这位经理成为其中一名负责人，带领杨世伟等组员奋战在一线。结果，足足折腾了一两个月也不见起色，更让杨世伟无语的是，经理对新市场的一些需求，基本上处在一种一知半解的状态，对本公司一些新产品的基本信息也不是很熟悉。基于此，常常是需要他决策时，他反而茫然地问大家该怎么办。

面对这种情况，杨世伟和同事们只得自己努力加班加点，有时候，整个团队几天几夜都没办法睡觉。最后，杨世伟觉得跟着这样的领导没有出路，就主动辞职了。

人在职场，就要有眼力见儿，要三思而后行，不能冲动行事。所谓术业有专攻，很多时候领导比不上员工是很正常的，他们更多的还是负责团队的管理。如果因为他们的技术能力比不上自己，就肆意看低对方，只会突显我们的无知。

即使对方真的很平庸，不但技术不行，连管理也不行，也不能证明他就一无是处。我们要想，既然对方能够被选入公司管理层，就一定有他不凡的一面，要么为人处世高明，要么人际关系不一般，不管是哪一种，对我们而言，都是值得我们学习、借鉴的。

更何况，上司之所以为上司，就是因为他们的职位在我们之上，如果没有对方的青睐，作为下属的我们，将永居其下。上司有成效，下属才有成效。换言之，如果上司不给力，我们也很难受到上面的重视，而跟上司对着干，妄想通过贬低对方、忤逆对方来达到取而代之的结果，这在现代职场中几乎是不可能的，没有哪个公司会任用这样的人。

从另一方来说，上司平庸，就意味着他对下属的监管力度相对较弱，与此同时，下属就有了更多的自由，以及更大的发挥空间。不是常有人说，自己是“英雄无用武之地”吗？如上司真的不如我们，对我们而言，这反而是一个机会，能够最大限度地发挥实力，展现自己的不凡。

吴少辉在当上经理之前，他的经理就是一位能力不足的人。每次面对公司下达的业绩任务，这位经理总是显得无计可施，没办法带领团队完成。

大多数时候，作为精英销售的吴少辉不得不担起团队长的责任，为新加入的组员制定工作计划和业绩目标，并且代行一部分经理的权力，负责整个团队的运行。

一开始，他也累得几乎坚持不下去，但一段时间后，他却发现自己的工作能力和反应能力得到了不同程度的提高，而跟在这位平庸的上司旁边工作，他的决策能力也提高不少。后来，这位经理被调走之后，吴少辉因为工作能力突出，很顺利地升职了。

一个真正优秀的人，不论他的上司能力怎样，他都坦然去面对，甚至还会抓住这一机会，在做好自己的事情之后，主动帮上司做一些事情。

并且，很多时候，我们真的就能确信，上司不如自己吗？这就好比皇叔刘备，很多人在看完《三国演义》之后，总是觉得他一无是处，除了会哭、会耍弄仁义之外，能力上比不得曹操，简直就是无能的代表。但实际上呢，刘备的人格魅力，正是当领导必不可少的能力之一。所以，请记住这个道理，永远不要以我们有限的见识，去妄自猜测上司的能力。

任何上司都希望下属对自己忠诚，听从指挥，一心一意。在日常工作中，情商高的人会与上司言行一致，哪怕对方看似不如自己。只有这样，才能在职场走得顺当。

7. 功劳面前要学会低头说话

马云说："虽然公司是自己亲手所创，但我没有写过一个代码，没有卖过一个客户；如果论功行赏的话，我只占 10% 的功劳，30% 是阿里巴巴员工，10% 为这个时代赋予，10% 媒体瞎炒。真实的马云和阿里巴巴没有媒体所说的那么厉害。阿里巴巴成功和自己无关，但如果阿里巴巴哪一天失败了，一定是因为我在关键时刻时没有坚持原则。"

自古以来，但凡在涉及利益的斗争中，大多数人总是争着、抢着把功劳往自己身上揽，鲜有人能做到功劳面前低头说话。最终，有的人因为功高震主，凄凉收场；有的人因为居功自傲，被身边的人排斥孤立，总之，少有能圆满收场的。

现代职场也是一样，许多人在与上司的相处中，不注意摆正位置，有点才能就以为了不起，有点功劳就飞扬跋扈，不把领导放在眼里。殊不知，作为领导，最忌讳的就是下属强过了自己，下属的功劳大过了自己。因为这会影响到他们的权威，威胁到他们的地位。通常情况下，领导对这种下属，要么处处打压，刻意刁难，要么就是“杀”。

李秋洁是公司的老员工了，她的能力和忠诚，早已得到公司认可。她现在是公司区域经理的助理，但很多人都相信，很快她就可以再次升职，成为区域经理了。

前不久，公司总部召开例会，李秋洁赫然在列，老总在会议上对她单独提出表扬，还采纳了她提出的建议，并让她根据公司目前的情况，拟定一份工作计划书。

李秋洁受宠若惊，废寝忘食地花了好几天时间，才完成了任务。然而，当她十分信任地将计划书交给经理，让对方帮忙转交时，却没想到，经理暗地里将计划书改头换面，变成了自己的“成果”，又将自己随意糊弄的几条建议，说成是李秋洁的计划书。

老总看后，有些失望地找到李秋洁：“看来你还要多向你的经理学习啊。”看到老总拿出的那份计划书，她才知道，原来，自己的成果早已被经理暗中窃取了。

显然，李秋洁的表现已经隐隐盖过了她的经理，得到了老总的重视，所以经理就把她视为竞争对手了。李秋洁没想到这一点，稀里糊涂地，只能吃下这个闷亏。

虽然，很多时候我们都在说，真正优秀的上司不会阻碍下属的成长，但结合实际中的无数例子来看，大多数领导是忌惮、忌讳甚至抗拒下属成长过快，超过自己的。我们不能简单地把这个问题归于上司的人品和德行，这样的想法过于天真。

站在上司的角度，他们能够走到今天这一步，必然是付出了许多心血的，奋斗不易，既然已经上来了，谁都不愿再下去。但现在竞争日趋激烈，为了保住自己的地位，他们不得不有所行动，而打压甚至排挤下属，通常是最有效、成本最低的一种方式。

换句话说，因为功高震主而被上司打压、排挤，这是一种普遍的现象，甚至是一种职场潜规则。我们想要改变这一点，可能性微乎其微。既然不能改变，那么我们能做的就只有适应规则，保护好自己。否则，最终撞得头破血流的，必然是我们自己。

秦艳秋的上司薛珍妮是个心胸狭隘的人，两人关系很不好，尤其是薛珍妮经常抢秦艳秋的功劳，令秦艳秋十分愤怒，要不是薪水待遇优厚，秦艳秋早就辞职了。

这天，秦艳秋上交了一份非常出色的计划书，本以为能得到上司赞许，不料，依旧没能逃过上司的批评。闷闷不乐的她，一个人跑到洗手间破口大骂。不巧的是，清洁工廖阿姨听到了她的话，就问她为何生气。秦艳秋一股脑儿数落起来，廖阿姨听完，却是哈哈一笑："这好办，你以后呢就多请示，功劳不要揽自己怀里，最好全推给你上司。"

听了廖阿姨的话，秦艳秋试着照做。自那之后，有什么好话她都往薛珍妮身上放，有什么功劳也往对方身上推。慢慢地，薛珍妮对秦艳秋的态度来了个大转弯，不再苛责，还将一些"诀窍"教给秦艳秋。一年后，薛珍妮上调，临走前推荐了秦艳秋。

许多人自以为有了功劳，就可以跟上司呛声，言谈举止间神采飞扬。

殊不知，自己早已是对方的“眼中钉”，此时不低调，无异于给对方借口找自己的碴儿。一个情商高的人，懂得一箭双雕，把功劳让给上司，既可以受到上司青睐，还可以避开上司的火力。

在职场上，夸耀自己的功劳是大忌，在领导面前趾高气扬更是找死。试想，领导的资历和能力都优于你，作为下属，再怎么能干，在领导面前炫耀都是一件愚蠢的事。退一万步来讲，即使对方能力不如我们，但人家的职位、后台、人际关系还在我们之上呢。

因此，功劳面前，不妨低头说话，谦虚一些，适当地将功劳让给上司或一些老同事，虽然这样做会埋没我们的才华，但别人也一定会记下我们的人情，他日定有回报。若真是遇到那种吃人不吐骨头的人，我们将功劳让给对方，也能减少对方的害人之心。

总之，混迹职场，不能过于锋芒毕露，作为下属，我们只有和上司建立起良性发展的关系，才能在工作中得到更多的表现机会，为自己赢得更多的利益。所谓的情商高，就是告诉我们，做人要懂得忍一时之气，低一时之头，才能在将来抬头挺胸地做人。

8. 不在新公司说前任老板的坏话

当下，跳槽是一件很常见的事，每跳一次槽，就意味着我们要换一位东家。有的人以为离开了原先的公司，就是“海阔凭鱼跃，天高任鸟飞”，于是肆无忌惮地在新老板面前说老东家的坏话，还以为这样能够讨好新老板，让对方心里舒坦，心想着“看吧，老板，我现在已经全心全意伺候您了，您就赏口饭吃吧”。殊不知，这种行为实乃职场大忌。

一个月前，杨玉成因为看足球赛，假托生病向上司请了一天假，后来被公司查出，认为他违反了公司企业文化，给其他人做了很不好的榜样，公司就把他开除了。

为此，杨玉成很是愤怒，觉得公司方面太矫情，不就是一天假吗，有什么大不了的？竟然直接把自己开除，以前的功劳、苦劳全都没了。在这种情况下，他免不了满口抱怨。关键是，在一次面试中，本来他已经面试到了最后一关，新公司的老总对他也很满意，眼看就要录用他了，这时，新老板随口问他：“你觉得以前的公司跟我们比起来如何？”

这本来只是新老板出于活跃气氛，随口一问，却不想，杨玉成气上心头，当场将以前的公司数落了一遍，末了，还对旧老板破口大骂，说他无情无义，为人矫情，一点儿不讲情分什么的。看他义愤填膺的样子，新老板脸色一变，心道：“这人太可怕了，要是以后我不小心得罪了他，指不定他在背后怎么骂我呢。”就暗暗打消了录用他的念头。

在《神雕侠侣》中有这样一个情节：绝情谷的公孙止要娶小龙女，在她面前表现得恭谦儒雅，十足的君子。然而，当小龙女得知他还有一个凄惨的前妻裘千尺后，就问了他三个问题，其中一句是这么说的：“你今日这般对她，难保他日不会这么对我。”

人都是有同理心的，对与自己相似之人的遭遇，往往会产生一种感同身受的感觉。在新老板面前说旧老板的不是，哪怕我们说的是事实，新老板也会想：这人是不是就喜欢在背后说别人的坏话？我如果真当了他的老板，将来会不会也被他这么编排？

所有公司都希望员工对公司忠诚，所有老板都希望员工心怀感恩，至少不能是过河拆桥的人。今天你可以把上家说得一无是处，把旧老板批得一塌糊涂，谁能保证明天你不会把新公司说得一无是处，把新老板批得猪狗不如呢？更何况，在背后说别人的坏话，议论别人的是非，本来就是道德品行低下的表现。试问，哪个老板会用这样的员工？

因此，不论我们在之前的公司里有过什么样的经历，都要学会适应，积极主动寻求解决问题的办法，而不是只会嘴上逞英豪。毕竟，我们在这家公司遇到的情况，难保不会在下一家单位再度出现，不可能每次都用辞职来解决问题。同样，每个老板都不可能让我们百分之百的满意，与其骂老板，不如提高自己，然后寻找对我们胃口的老板。

职场中，不论是轻松愉快地离职，还是横眉冷对地辞职，情商高的人，往往都会通过以下几件事，来维护旧东家的形象，当然，也是为他们自己树立形象。

第一，他们从不在现任老板或新同事面前说前任老板的坏话。

只会客观地评价旧公司的优缺点，维护公司形象。必要的时候，他们甚至还会主动帮原公司说好话。这样不但有利于为自己打造良好的职业形象，更重要的是，无论日后他们个人的发展如何，老东家都会记得他们的良好职业素养，当双方再度打交道时，往往能省去不少麻烦。

第二，绝不透露原先公司的商业秘密。

通常，在有竞争关系的公司之间转换工作是很正常的事，这个时候，无论从职业化还是个人发展的角度，遵守良性竞争的原则，恪守商业准则，都是获得职业认可的基石。作为职场人士，谋求更好的平台，追求更高的利益，这本无可厚非，但绝不能透露上家公司的商业机密。不讲原则，只会遭人唾弃。

第三，主动将离职的原因揽到自己身上，并与上家保持和谐的关系。

主动将离职原因揽到自己身上，别人会觉得你是个敢于承认错误并且知错就改的人，对于这样的人，大家通常保持一定的敬意。而与前任老板保持和谐关系，则是给自己留一条退路，若真到了“好马也吃回头草”的地步，这种关系就能派上用场了。

正所谓“铁打的营盘流水的兵”，跳槽离职是常事，离职后心有怨气或牢骚，也属常情。从职业的角度看，事情过去就过去了，没必要把对前任老板的不满到处宣泄。再加上，将我们的负面情绪暴露在新老板面前，很容易让对方对我们产生负面印象。逞一时之快，而让新老板看轻自己，这是明显的赔本儿买卖，情商高的人，通常都不会这样做。